天下文化
BELIEVE IN READING

科學天地 149A

數學教你不犯錯／上

不落入線性思考、避免錯誤推論

HOW NOT
TO BE WRONG

The Power of Mathematical Thinking

艾倫伯格／著　李國偉／譯

數學教你不犯錯 上
不落入線性思考、避免錯誤推論

__contents

PART II 這樣推論可以嗎？

數學教你不犯錯 下

搞定期望值、認清迴歸趨勢、弄懂存在性 /__contents

**HOW NOT
TO BE WRONG**
The Power of Mathematical Thinking

—◆—•—— 獻給譚雅 ——•—◆—

數學裡的精華，不要只是學會就好，
　而應該把它融入日常思維裡，
並且持續勉勵自己在心中一再使用。

——羅素（Bertrand Russell），
摘自 1902 年出版的《數學研究》
（*The Study of Mathematics*）

什麼時候用得到數學？

此刻，在世界上某間教室裡，有一位學生正向老師抱怨，為什麼課後要計算 30 條定積分？那會耗費掉他大半個週末。

這位學生寧可做些別的事，事實上他最不想做的就是積分。上個週末他就曾經花了很多時間算另外 30 條定積分，看起來與這次的定積分好像差別不大。他看不出做這件事的重點，他告訴老師自己的想法。在師生的這場對話中，學生一定會問到一個老師最怕聽到的問題：

「我什麼時候用得到它？」

老師很可能這麼回答：

「我知道計算積分很乏味，但是你要記住，將來你不知道會選擇什麼樣的工作，你現在可能覺得定積分沒用，但也許有一天你幹的那一行，會需要又快又準的算出定積分。」

這種答覆很難讓學生滿意，因為它是假話。老師與學生都知道這不是真話。有多少成人需要用到 $(1 - 3x + 4x^2)^{-2}dx$ 的定積

分？或是 3θ 的餘弦？或多項式綜合除法？了不起幾萬人而已。

　　老師對這種假話也很不滿意，這我很清楚，因為我當了多年的數學教授，曾經要求成百上千的學生計算定積分。

　　幸運的是，還有一個比較好的答案，大致如下：

　　「數學並不只是靠背誦公式來做系列運算，一直算得你耐心與精力全失為止。雖然在你上過的某些數學課裡，數學好像就是那麼回事。學數學要計算定積分，猶如足球員要做體能訓練與柔軟操一樣。假如你想踢足球，我是說能真正的踢足球，到達能上場比賽的程度，你就必須做一大堆無聊、反覆、表面上看來毫無意義的操練。職業球員會有用到那些動作的機會嗎？你不會看到球場上有人丟擲重物或繞著交通角錐轉來轉去，但是球員會用到從日復一日乏味的操練中練出的強度、速度、直覺與彈性。學習這些操練就是在學習踢足球。

　　「假如你想當職業足球員，或甚至只是想進入校隊，都必須花很多乏味的週末在球場上進行操練，除此之外別無他法。現在給你一點好消息，假如你實在受不了苦練，你還是可以跟朋友一起玩球取樂。你在對方防守的間隙中傳出一球，或踢進一記遠球，獲得的樂趣跟職業球員一樣多。這會比坐在家裡看電視轉播的職業賽更健康、更快樂。

　　「數學也差不多這樣。你也許不必以需要大量數學的職業為目標，大多數人都如此，你不必覺得不好意思。但你還是可以做數學，其實你也許已經在做數學，只是你不叫它數學。我們在推理的過程中早已融入數學，而且數學會讓你的推理能力增強。會數學就像戴上了 X 光眼鏡，能從混亂無序的世界表象裡，看透

其後隱藏的結構。數學是一門不會把事情搞錯的學問，它的技術與習慣經歷過許多世紀的辛勤努力與論辯。一旦手中有數學當工具，你可以更深刻、更穩健、更有意義的瞭解世界。你需要的只是一位教練，或甚至是一本書，教導你相關規則及基本戰術。讓我來當你的教練，讓我教你如何達成目標。」

因為時間的關係，我很少會在課堂裡說這些話。但是現在寫在書裡，就可以再加以引伸一些。我希望對我在上面提到的那些宏大斷言，能拿出一些證據，我想告訴你，我們每天生活中碰到的問題，不論是政治、醫藥、商務、甚至神學，都摻雜著數學問題。光認識到這一點，你就會得到一些無法從其他手段獲得的真知灼見。

其實即使我有時間向學生講完激勵人心的演講，但如果這學生夠聰明，應該還是不會被說服。

他會說：「教授，雖然聽起來很有道理，但是太抽象了。你說會運用數學，就能把原來可能會犯錯的事搞對。那到底是些什麼事呢？給我一個具體的例子。」

這個時候我正好可以告訴他，沃德（Abraham Wald）與失蹤的彈孔的故事。

數學家運籌帷幄

就像第二次世界大戰很多的故事一樣，開頭是一位猶太人遭納粹追捕而逃離歐洲，結尾是讓納粹得不償失吃足苦頭。沃德於1902 年出生在前奧匈帝國的克勞森堡（Klausenburg）。他進入少年期的時候，已有一場世界大戰寫入了書本，他的家鄉也變成了

羅馬尼亞的克盧日（Cluj）。沃德的祖父是猶太人的拉比，父親是猶太潔食烘焙師，但是小沃德幾乎自始就是數學家。他在數學上的天賦很早就受賞識，因此維也納大學錄取他去攻讀數學。他喜愛集合論與度量空間，這是即使以純數學的標準來看，都相當抽象又深奧的課題。

但是沃德完成學業時，已經到了 1930 年代中期，當時奧地利的經濟十分蕭條，外國人幾乎不可能在維也納找到教職。最終解救沃德的是摩根史坦（Oskar Morgenstern），摩根史坦後來移民美國，並協助發明了賽局理論，但在 1933 年他是奧地利經濟研究所的所長。雖然摩根史坦只給沃德一個低薪的職位，處理一些零星的數學工作，卻是促成了有利於沃德的機會：因為沃德在經濟學上的經驗，當時在美國科羅拉多泉的經濟學機構考爾斯（Cowles）委員會，提供給他獎學金。即使政治局面日益惡化，沃德仍不情願跨出會使他永遠離開純數學的一步；但是納粹征服了奧地利，終於幫沃德下定出走的決心。不過沃德在科羅拉多泉待沒幾個月，哥倫比亞大學就請他去擔任統計學教授，他再度整裝，踏上前往紐約的征途。

他就是從那裡開始參戰的。

第二次世界大戰期間，沃德主要在統計研究組（SRG）工作，SRG 集合了美國統計學界的力量，是如同曼哈頓計畫的機密單位，只不過不是在發展原子彈，而是發展方程。SRG 的所在地也的確座落在曼哈頓，就在距離哥倫比亞大學一個街口的晨邊高地西 118 街 401 號。現在那座大樓是哥倫比亞大學的教師公寓，也有一些診所進駐。但是在 1943 年，那裡是戰時忙進忙出的數

學中心。在哥倫比亞的應用數學組裡，數十位年輕女性俯首於桌上型計算機，忙著計算戰鬥機在空中的最佳飛行路線，以便把敵機鎖定在機關砲的射擊範圍裡。從普林斯頓來的研究人員，在另一個房間發展戰略轟炸的規程，而哥倫比亞的原子彈小組就在它的隔壁。

最終在這些小組裡，就屬 SRG 最具能量，也最有影響力。這個單位結合了類似學系的開放學術氛圍，以及敵愾同仇的目標。SRG 的組長華里斯（W. Allen Wallis）說：「只要我們做出建議，經常事情就有所改變。根據沃弗維茲（Jack Wolfowitz）* 的建議，戰鬥機會搭配不同種類的彈藥，戰鬥機飛行員可能因此成功返回或不再回來。海軍飛機使用的火箭，裝填的火藥通過格西克（Abe Girshick）設計的取樣方案檢查。火箭有可能會爆炸而毀掉我方飛機與飛行員，或一舉消滅目標。」

這項任務如此重大，因此必須集結一等一的數學頭腦來進行。按照華里斯的說法，「無論以量或以質而言，SRG 都擁有最突出的一群統計學家。」戰後創辦哈佛大學統計系的莫斯提勒（F. Mosteller）在那兒，決策論先驅以及貝氏統計學的推動者莎維奇（J. Savage）† 也在那兒，麻省理工學院的數學家暨模控學發明者韋納（N. Wiener）會不時來訪。日後獲得諾貝爾經濟學獎的傅利曼（M. Friedman），在那個小組裡經常只算是第四聰明的人。

---

* 著名統計學家保羅·沃弗維茲（Paul Wolfowitz）的父親。
† 莎維奇近乎全盲，只有一隻眼睛的一個角落看得見東西。值得一提的是，他曾經有六個月只吃一種印地安人的瘦肉乾過活，只是為了證明北極探險的維生法可行。

　　小組裡最聰明的人通常是沃德。沃德曾經是華里斯在哥倫比亞大學的老師，對小組而言是顯赫的人物。因為他算是來自敵國的外國人，從技術上來說，他並未獲准閱讀他自己寫的祕密報告。在 SRG 盛傳的一則笑話說，沃德一寫完一頁筆記，祕書就要立刻從他手裡奪過來。從某方面看來，沃德最不該屬於這個小組，因為他天性傾向於抽象化，會迴避直接的應用。但是他想用自己的才能對抗軸心國的動機很明顯。而且每當你想把籠統的觀念轉化為堅實的數學時，沃德正是你最想要的人物。

機身上消失的彈孔

　　現在問題來了。因為你不希望飛機遭敵方的戰鬥機打下來，所以想要加強機身上的裝甲。但是增加裝甲會讓飛機變重，比較重的飛機既難操控又耗油。飛機的裝甲太厚會成問題，太薄也會成問題，厚薄之間應該有一個最佳解。而之所以把一批數學家塞進紐約的公寓，就是想算出最佳解。

　　軍方把認為有用的數據交給 SRG。美國的飛機從歐洲出任務回來後，全機都會布滿彈孔，但分布卻不很均勻，機身上的彈孔較多，引擎部分的彈孔卻很少。

飛機的區段	每平方英尺的彈孔數
引擎	1.11
機身	1.73
燃料系統	1.55
飛機其他部分	1.8

　　軍方看出了提高飛機效能的機會，可以使用較少的裝甲達成同等的保護作用，也就是把裝甲集中在飛機最需要的部分——中彈最多的區段。問題是該增加多少裝甲？又要在哪些區段加裝？軍方想請沃德幫算出答案，然而得到的結果卻大出他們所料。

　　沃德說，不該在彈孔多的地方加強裝甲，而是要加強在彈孔少的地方，也就是該在引擎的部分加強。

　　沃德的洞識在於先問一個簡單的問題：少掉的彈孔到哪裡去了？假如槍彈均勻打在整架飛機上，引擎蓋上不也應該滿布彈孔嗎？沃德很確定自己知道少掉的彈孔到哪兒了，是在那些回不來的飛機上！能返航的飛機，引擎上的彈孔都很稀疏，是因為引擎遭受嚴重轟擊的那些，根本飛不回來了。大多數安全返航的飛機，機身都像多孔瑞士乳酪，強烈顯示機身禁得起槍彈轟擊，因此不需特別加強裝甲。假如你去醫院的恢復室看看，你會發現腿上有槍傷的人，比胸部有槍傷的人更多，這並不是因為胸部不容易挨槍彈，而是胸部吃子彈的人難以存活。

　　數學家有套老把戲能使狀況明朗：把某些變數設定為零。在目前的例子裡，可以調整的是飛機引擎中彈後，繼續飛行的機率。把這個機率設定為零，意思是說引擎只要挨了一顆子彈，飛機就會墜落。現在數據會呈現什麼狀況？你會看到返航的飛機，彈孔分布在機翼、機身、機頭，但是就是沒有在引擎上。軍方的分析師有兩種方法解釋這種情形：德國的子彈哪裡都打就是不打引擎，或是引擎是最脆弱的地方。兩種方式都可以說明呈現的數據，不過後者有道理多了。所以彈孔稀疏的地方反而要加強裝甲。

軍方馬上把沃德的建議付諸實施，在韓戰與越戰中，海軍與空軍也持續遵守他的原則。我沒法精確告訴你，有多少美國飛機因此避免墜亡，今日美軍承繼 SRG 處理數據的部門，毫無疑問會很清楚真實狀況。美國國防當局從來都很瞭解，戰勝的一方並不是因為比對方更勇敢，或更自由，或更受上帝眷戀。戰勝的一方經常是少被擊落 5% 的飛機，或者少消耗 5% 的燃油，或能用 95% 的成本讓步兵多攝取 5% 的營養。這些都不是製作戰爭電影的素材，卻是打勝真正戰爭的要件。這裡面每一步都需要數學。

數學家的思考力

為什麼那些擁有更多空戰知識、更瞭解空戰的軍官，看不出沃德看到的重點？其實就在於沃德有經過數學訓練的思想習慣。數學家總是會不斷的問：「你的假設是什麼？這些假設有沒有道理？」這種習慣有時很惱人，但也可能非常有效力。

這個例子裡，軍官沒有警覺的做了一項假設：返航的飛機是所有飛機的隨機樣本。如果這項假設為真，你就可以經由檢查飛回來的飛機上彈孔的分布，推論所有飛機的彈孔分布。一旦你體認到你做了這項假設，不消多時，你就會發現其錯無比。沒有理由期望飛機無論哪部分中彈，存活率都會相同。用數學的行話來說，存活率與彈孔所在地相關（correlated），我們在《數學教你不犯錯，下》的第 15 章還會回到相關性這個主題。

沃德的另一項優勢是他會抽象思考。在哥倫比亞大學跟沃德念過書的沃弗維茲曾寫道：「沃德喜歡的問題都是最抽象的，他隨時可以討論數學，但是對於通俗化或特殊的應用不感興趣。」

沃德的個性確實使他很難專注在應用的問題上。從他的眼中看去，飛機與大砲的細節都像是室內裝潢——而他完全看穿這些，直視事實背後的數學支架與鉚釘。這種分析問題的方法有時會忽視某些有影響的特徵，但是會讓你看出表面上好像十分相異問題的共同骨架，因而在某些你顯然沒經驗的領域裡，也就有了有意義的經驗。

對數學家而言，彈孔問題的基本結構在於所謂的「存活偏誤」（survivorship bias），它會一再出現於各種場合。一旦你像沃德那樣熟知此現象，就會很快發現它藏身何處。

以共同基金為例，你不希望在判斷基金的表現上出錯，一點錯也不想要。年成長率移動 1%，可能就是有價值的資產與垃圾基金的區別。晨星（Morningstar）的大型平衡型基金裡，多半投資於代表標準普爾 500 指數的大公司，看起來應該是屬於有價值的資產。1995 年到 2004 年之間，此類基金平均增長 178.4%，也就是每年健康成長 10.8% *。好像獲利不錯，因此只要手頭有現金，就應該投資給那些基金。對不對？

其實不對。2006 年「博學財務」（Savant Capital）公司的一項研究報告，會讓那些數字的光芒銳減。再仔細想想看，晨星是如何產生出那些數字的。就當現在是 2004 年，你把所有歸入大型平衡型的基金拿出來，看看它們在過去十年裡增長了多少。

但是你會漏掉一些東西：那些不在表列上的基金。共同基金並非永垂不朽，有些會發達，有些會衰亡。衰亡的基金基本上是

---

* 標準普爾 500 指數的表現其實更好，同樣期間上漲了 212.5%。

不賺錢的基金。所以拿仍然存活的基金來研判 10 年間基金的獲利率，就會像是由安全返航飛機上的彈孔數量，研判飛行員的操作狀況。倘若我們在飛機上最多都只發現一個彈孔，那會是什麼狀況？那並不表示飛行員特別會躲敵人的子彈，而是說飛機只要挨兩顆子彈就會完蛋。

假如不管基金是否存活，全都納入計算，博學財務公司的研究發現，平均增長率會掉到 134.5%，也就是說年增長率為 8.9%，相當一般。最新的研究也支持這種結論：《財務評論》（*Review of Finance*）在 2011 年發表一次相當廣泛的研究，包含了近 5,000 種基金，如果只計算 2,641 種存活基金的獲利率，就會比存亡基金均納入計算的獲利率高出 20%。投資者或許會對「存活偏誤」的巨大影響感覺詫異，但是沃德可一點也不會覺得意外。

這真的是數學

到這裡我的學生會打斷我，問一個很合理的問題：這哪裡有用到數學？沃德確實是數學家，也不能否認他解決彈孔問題的方法非常聰明，但是這跟數學有什麼關係？我們沒看到三角恆等式、積分、不等式，甚至沒看到任何公式。

首先我要聲明，沃德有用到公式。因為我只是大概敘述這個故事，就先略過沒提。你在寫解釋人類生殖的童書時，不會講精蟲怎麼跑到媽咪肚子裡的流體力學。你多半會用的開場白是：「自然界裡什麼都會改變。樹木在冬天會掉葉子，到春天又長了回來。平凡的毛毛蟲會結蛹，最後破蛹而出變成美麗的蝴蝶。你也是自然的一部分，所以……」

這是本書目前採取的講法。

然而我們都是成年人了，暫時把軟性訴求放下，看一看沃德真實的報告是怎麼寫的，以下是他的原始論文：

Q_i 的下界是能夠得到的。因為此處假設從 q_i 減少到 q_{i+1} 會有明確的界限，因此能夠得到 Q_i 的上界與下界。

我們假設

$$\lambda_1 q_i \leq q_{i+1} \leq \lambda_2 q_i,$$

其中 $\lambda_1 < \lambda_2 < 1$，並且下式成立：

$$\sum_{j=1}^{n} \frac{a_j}{\lambda_1^{\frac{j(j-1)}{2}}} < 1 - a_0$$

算出精確解的過程將會非常繁瑣，但是當 $i < n$ 時，可以用下面的程序算出接近 Q_i 上、下界的近似值。我們所使用的假設性數據如下：

$a_0 = .780$　　　　　$a_3 = .010$

$a_1 = .070$　　　　　$a_4 = .005$

$a_2 = .040$　　　　　$a_5 = .005$

$\lambda_1 = .80$　　　　　$\lambda_2 = .90$

經由下面這個代換

$$.07 + \frac{.04}{.8} + \frac{.01}{(.8)^3} + \frac{.005}{(.8)^6} + \frac{.005}{(.8)^{10}} = .20529,$$

因其值小於

$$1 - a_0 = .22$$

所以條件 A 得以滿足。

Q_i 的下限

第一步需要解方程 66。此步驟涉及解出下列四個方程的正根 g_0, g_1, g_2, g_3。

希望沒有讓你太震驚。

無論如何，沃德的洞識背後的概念，不需要任何上面的式子。我們已經解釋過這個概念，而且沒用到任何數學符號。但學生的問題還是沒得到答案。為什麼那是數學？那不就是常識嗎？

數學是以額外手段擴充的常識

是的，數學正是常識。在某種基礎的層次上，這是顯而易見的。你怎麼跟人解釋，把七件東西加上五件東西，結果會跟把五件東西加上七件東西一樣？你沒法解釋：我們腦中已經根深柢固

這樣處理東西的加總。對於常識描述的現象，數學家喜歡給以特別的名字：我們不說「此物加彼物等同於彼物加此物」，我們會說「加法具交換性」。因為我們喜歡符號，或許會寫成：

對於任何挑選出來的 a 與 b，a ＋ b ＝ b ＋ a。

雖然式子看起來很嚴肅，但是我們談的是每位孩童直觀上都能理解的事情。

乘法卻是另一回事。式子寫起來很類似：

對於任何挑選出來的 a 與 b，a × b ＝ b × a。

看到這條敘述，我們腦筋裡不像看到加法那樣，立刻回應「歐，就是嘛！」每組有六個東西、共有兩組，跟每組有兩個東西、共有六組，我們的「常識」會說它們是同樣多的嗎？

也許不會，但是它能成為常識。下面是我最早關於數學的記憶。我趴在爸媽房間的地上，臉貼著毛茸茸的地毯，眼睛看著立體音響。很可能我正在聽披頭四的唱片，而那時我大概六歲。這是 1970 年代，音響放在一個木箱裡，木箱的側面鑽了排列成長方形的透氣孔，橫向八個孔、縱向六個孔。我趴在那兒盯著透氣孔，共有六列、八行。我經由轉換注視的焦點，可以看見透氣孔在成列或成行之間的變換：每列八孔的有六列，每行六孔的有八行。

我於是明白了——「每組六個共八組」跟「每組八個共六

組」是一回事。並不是有人教我這條規則，而是不可能不這樣。面板上氣孔的數目就是面板上氣孔的數目，不管從哪個方向來計算都一樣。

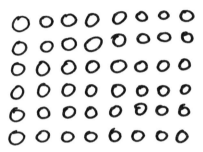

我爸媽房間裡的音響，1977 年。

　　我們很容易把數學教得像一長串規則。你照順序學習，且必須遵守規則，如果不遵守，成績就是 C–。這不是數學。數學研究事物必然呈現的道理，因為這些事物不可能以其他方式呈現。

　　坦白說，數學裡不是事事都能講得像加法、乘法那樣清晰、直覺。你不可能用常識做微積分，但是微積分仍然是從常識裡導引出來的。牛頓根據我們對物體沿直線運動的物理直覺，加以符號化的整理，然後在這套符號結構上，建立有關運動的普遍數學描述。一旦你手上有了牛頓的理論，你就可以把它用到各種問題上。如果你沒有方程式的幫忙，那些問題會搞得你頭昏腦脹。類似的，我們內建的心智系統可以估計不確定事件發生的可能性，但是那些系統的能力相當弱、也不可靠，對於極為稀有的事件更

是無能為力。因此我們需要一些穩固的定理與技巧來強化我們的直覺，於是就創造了機率的數學理論。

常識需要數學來引領

數學家彼此討論問題時用的特殊語言，是能精確又快速傳達複雜概念的了不起工具。但是對於外行人來說，這種陌生語言表達的思想，完全非常人所能及。然而這種想法大錯特錯。

數學像是附加在常識上的原子動力輔具，可以大力增長常識的範圍與力道。先不管數學的威力，不管它有時可怕的符號與抽象，實際上數學心智的運作，與我們考量日常問題時毫無二致。鋼鐵人在磚牆上打洞的形象很可以拿來參考。一方面，打破牆的力量並非來自東尼‧史塔克的肌肉，而是迷你貝他粒子加速器供應能量，推動了一系列機件進行同步作用。另一方面，就東尼‧史塔克的角度來看，他就是重擊牆壁，沒有甲冑時他也是這麼做，現在只是出手更重罷了。

模仿軍事歷史學家克勞塞維茨（Karl von Clausewitz）的口吻來說：數學是以額外手段擴充的常識。

常識若缺乏數學提供的嚴謹結構，會把你帶錯方向。要在已經足夠堅固的部分加強裝甲的那些軍官，就是犯了這種錯誤。數學若只講式子不講常識，不把抽象思維與我們有關數量、時間、空間、運動、行為、不確定性的直覺不斷互動，就會成為那些遵循規則與記帳方式的枯燥練習。換句話說，數學會真的成為學微積分學到生氣的學生覺得的樣子。

這才是真正的危機。馮諾伊曼（Joh'n von Neumann）在 1947

年所寫的〈論數學家〉（The Mathematician）一文中警告我們：

　　當數學遠離它的經驗源頭後，甚至是成為第二代或第三代的產物，只受到來自「實存」世界的理念間接啟發，便會身陷於極度的險境。它愈來愈追求美化，愈來愈純粹「為藝術而藝術」（l'art pour l'art）。假如與此領域相關的主題，仍然和經驗世界密切連結，或者影響此領域的學者具有超越常人的品味，這種狀況並不必然糟糕。但是，研究主題沿阻力最小的方向前進的嚴重危機總是存在，水流與源頭相去如此遠，愈來愈分散成無足輕重的支脈，那個領域也就逐漸凌亂成細瑣與繁雜的一團糟。換句話說，數學主題若距離經驗源頭非常遙遠，或經過多次「抽象性」近親繁殖後，就會有退化的危險。*

本書會出現何種數學？

　　假如你對數學的認識都來自學校，那麼你的所知一定非常局限，甚至在一些重要地方是錯的。學校教的數學基本上是一連串的事實與規則，事實是確定的，規則是上級權威給的，因此不可質疑。學校教的數學，是把數學當成已經解決了的問題。

---

* 馮諾伊曼關於數學本質的觀點是穩固的，然而他把為純粹美學目的而發展的數學，定位為「退化的」數學，平心而論，會讓人些許反胃。在馮諾伊曼寫這段話的十年前，希特勒統治的柏林正好展出所謂的「退化藝術」（entartene Kunst），提出的觀點是，猶太人或共產黨喜愛的「為藝術而藝術」，其實是用來打擊強健的條頓國家要求的健康「寫實」藝術。在這種情況下，讓人感覺有點需要維護不為任何目的而服務的數學。然而跟我的政治傾向不同調的作者，可能會在此處指出，馮諾伊曼曾經熱心投入核武器的發展與投擲。

　　然而數學問題尚未解決殆盡。就算是最基本的研究對象，像是數字與幾何圖形，我們的無知仍遠勝於已知。我們所知道的東西，都是經過大量的討論、爭議與混淆後，才能獲取。這些充滿汗水與動亂的景象，都遭人很小心的從教科書中抽走。

　　數學裡當然有很多事實。關於 $1 + 2 = 3$ 從來沒什麼爭論。至於我們如何以及是否能真正證明 $1 + 2 = 3$，是在數學與哲學之間游移的另一種故事，我們會在書末再次回到這樁故事。這個計算是正確的，它也是平實的真理，動亂發生在別的地方，我們會多次接近這些動亂之處。

　　數學事實可以是簡單的或複雜的，也可以是膚淺的或深刻的，數學宇宙從而劃分為四個象限：

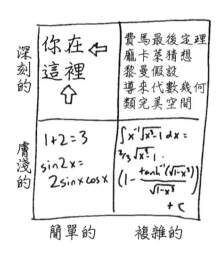

　　像 $1 + 2 = 3$ 這種算術算是簡單又膚淺的。基本的恆等式例如：$\sin(2x) = 2 \sin x \cos x$ 或其他二次方程式等等，也許比 $1 + 2 =$

3 稍微難理解，但是到頭來它們在概念上也沒什麼分量。

移到複雜又膚淺這個區塊。你有兩個十位數相乘的問題，或者計算一個繁複的定積分，或者在研究所讀幾年書之後，計算導體為 2377 的模形式的弗羅貝尼烏斯（Frobenius）跡數。可以想像為了某種理由，你需要知道這些問題的答案，也無法否認，筆算出答案介於惱人與無望之間。在「模形式」的例子裡，甚至得認真讀幾年書才能懂題目到底問的是什麼。但是知道那些答案，並不能真正增加你對這個世界的知識。

複雜又深刻的區塊，是我這類職業數學家想花最多時間的地方。此地是著名的定理與猜想所在，諸如：黎曼假設、費馬最後定理 *、龐卡萊猜想、P 與 NP 問題、哥德爾定理……。這些定理每一條都涉及意義深刻的概念、具備根本的重要性、令人心神蕩漾的美麗、艱巨的解題技巧，每一條都足以做為一本書的主角。

探討簡單又深刻的數學

但是本書不講那些複雜的定理與猜想。本書準備逛逛左上方那個象限：簡單又深刻。我們想討論的數學概念，屬於可接觸又可獲益的那類，不必管你的數學程度到底夠不夠處理代數，或者已經學過更多東西。這些數學概念也不像算術的命題，僅僅是一些「事實」。它們涉及一些原則，應用層面遠超出你通常認為的數學範圍。它們是工具腰帶上最好用的工具，適當的使用一定會

---

* 在行家來說，現在應該稱為威爾斯定理，因為費馬並沒有證明此定理，而是威爾斯（Andrew Wiles）完成證明，而他在關鍵處曾得到泰勒（Richard Taylor）的協助。不過慣用的名稱，恐怕永遠也不會更動。

幫助你不犯錯。

　　純數學可以像是修道院，隔絕了外面喧譁雜亂世界的不良影響。我是在那四面牆裡長大的。我認識的其他數學孩童有些會受應用吸引，逛到物理或者基因體，或者對沖基金管理的巫術，但是我不想要這類自由活動期（*rumspringa*）*。我當研究生時，全心投入數論中，高斯稱這個領域為「數學皇后」，它是純數學裡最純粹的領域，是修道院裡的祕密花園。我們考慮的數字與方程問題，曾經困擾古希臘人，兩千五百年來令人煩惱的程度，並沒有降低。

　　我最初研究帶有古典風味的數論問題，想證明整數四次方和的一些性質。感恩節家庭聚餐時，如果硬要我講，我能向家人解釋我得到的結果，但是沒法解釋怎麼證明了我所證明的東西。不過，過沒太久，更抽象的領域吸引我進去，我開始研究問題的基本角色，包括：「剩餘模伽羅瓦表現」、「模格式的餘調理論」、「齊性空間上的動力系統」，然而跨出了牛津、普林斯頓、京都、巴黎，一直到我現在任教的威斯康辛州麥迪遜，這一路像群島似的討論室或教授休息室之外，是沒法談論這些題材的。我告訴你這些東西很刺激、有意義、十分漂亮，思考它們從來不會疲倦，你或許只好相信我的話，因為唯有經過長時間的教育，研究的主題才能進入眼簾。

　　但是有意思的事發生了，我的研究愈是抽象、愈是與自身經

---

* 說老實話，我在二十出頭時曾動念想成為小說家，我甚至寫完並且出版了一本名叫《蚱蜢王》（*The Grasshopper King*）的小說。不過在過程中，我發覺寫小說的每一天，我都有半天四處晃蕩，想著我應該去解數學問題才對。

驗隔開，我愈注意到修道院牆外的世界有多少數學。不是伽羅瓦表現或餘調理論，而是一些更簡單、更悠久，卻同樣深刻的概念——它們居住在概念四方格裡的西北區。我開始替雜誌與報紙寫文章，教人如何通過數學的透鏡看世界。出乎我意料的是，說自己痛恨數學的人也願意看我的文章。這也是一種數學教學，可是跟在教室裡做的事很不一樣。

　　但其中有一點跟教室相通，就是讀者需要做一些功課。再回到馮諾伊曼那篇〈論數學家〉：

　　瞭解飛機機件的作用，瞭解提升它、推動它的力學理論，遠遠比乘飛機、受飛機承載與轉運、甚或駕駛飛機都還難。在沒有使用與操作一件事物到熟練的程度之前，要能理解整個過程，進而變成本能與經驗的一部分，幾乎不太可能。

　　換句話說：不動手做數學很難學懂數學。「通往幾何並無王者之道」，這句名言有人說是歐幾里得講給托勒密聽的，也有人說是數學家米奈克穆斯（Menaechmus）講給亞歷山大帝聽的。（說實話，古代科學家的有名金句，很可能是後人編造的，不過並無損其教導性。）

　　我不會在這本書裡遙指數學的豐碑，指導你如何從遠方用恰如其分的方式來膜拜。我們準備把手弄得有點髒，進行一些計算。有些地方我會用到一些公式與方程式，來幫我說明某些論點。讀者只需要有會算術的程度即可，但是我會解釋許多遠超過算術的數學。我會畫一些粗略的圖形與表格，我們會用到一些學

校教的數學，但是使用的場合會相當不同。

我們會看到如何用三角函數描繪兩種變數相互影響的程度，如何用微積分講線性與非線性之間的關係，如何用二次方程講科學探索的認知模式。我們還會碰到某些甚至到大學或之後才教的題材，例如：集合論裡的危機，但在本書中以最高法院的審判或棒球的裁判這類比喻呈現；分析數論的最新進展，顯示結構與隨機的相互作用；資訊理論與組合設計曾幫助麻省理工學院的一組大學生贏得上百萬彩金，因為他們用這些理論搞通了麻州樂透的底細。

本書偶爾也會講某些知名數學家的逸聞，以及一定程度的哲學思辨，甚至還會有一、兩個證明。但是不會給家庭作業，也不會考試。

PART I
線性思考錯了嗎？

第 1 章

要變得更像瑞典嗎？

　　幾年前，美國正在論辯「可負擔健保法案」的熱頭上，主張自由意志主義的卡托研究所（Cato Institute）成員密契爾（Daniel J. Mitchell）寫了一篇部落格文章，題目相當煽動，叫做「為什麼歐巴馬想把美國變得更像瑞典，而瑞典卻想變得更不像瑞典？」

　　好問題！他這麼一說，確實看起來有些反常。歐巴馬總統，當世界上的福利國家，甚至包括小而富的瑞典，都在降低昂貴的福利與高賦稅，為什麼美國要倒行逆施呢？密契爾寫道：「假如瑞典已經獲取教訓，從而收縮政府的規模與權限，為什麼美國的政治人物非要再犯同樣的錯誤呢？」

　　回答這個問題，需要借助非常科學的圖表。次頁的圖顯示出卡托研究所看見的世界：

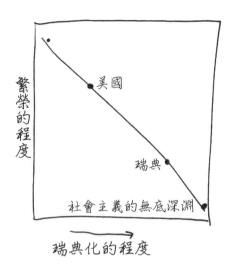

　　橫軸代表瑞典化的程度*，縱軸量度繁榮的程度。先不必擔心怎樣量化這些東西。我們的重點如下：根據此圖，愈像瑞典，你的國家就愈糟糕。瑞典人又不是傻瓜，也搞清楚這種狀況了，因此開始朝西北方爬升，走向繁榮的自由市場。但是歐巴馬卻朝錯誤的方向滑落。

　　讓我重畫這張圖，不過依據的那些經濟觀點較接近歐巴馬而非卡托研究所的人。請看次頁的圖。

　　依據次頁的圖，我們瑞典化的程度該如何，會得到迥異的建議。我們在哪兒達到繁榮的高峰？那地方比較像瑞典而不太像美國，但又比瑞典更不像瑞典。如果次頁的圖正確，歐巴馬就很有

---

*此處所謂「瑞典化的程度」指的是「社會服務與稅賦」方面，並不包括瑞典其他的特色，譬如「隨時可得到各式醃漬口味的鯖魚」，那在各國都應該都會受歡迎。

道理壯大福利國家，而瑞典卻應該削減國內福利。

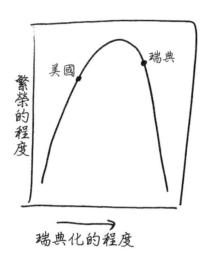

　　這兩張圖的差異在於線性與非線性的區別，這是數學的核心性區別。卡托的線是直線*，非卡托的線在中間有個凸起，是非線性的。直線也算是曲線的一類，但不是僅有的一類。直線有一些特性，是一般曲線不具備的。直線段的最高點，像本例中的最繁榮點，必然出現在端點，這是直線的本性。假如減稅有益於繁榮，那麼稅減得愈多，愈有好處。那麼假如瑞典想去瑞典化，我們也應該照辦。當然反對卡托的智庫可能會把直線改成從西南走向東北。一旦直線是那樣畫的，那麼社會福利花得再多也不嫌多，最好的政策就是極度瑞典化。

---

* 嚴格說是直線段，但我不要分得那麼仔細了。

線性思考陷阱多

　　當有人說自己是「非線性思考者」時，常是因為把向你借的東西弄丟了，拿來道歉的說詞。但是非線性是真實的東西！因為「並非所有曲線都是直線」，所以非線性的思維方式非常重要。當你反思後，就會知道真正的經濟曲線不會像直線的第一圖，而會像非線性的第二圖。密契爾的推論是假線性的例證，他假設繁榮的路徑會像第一圖裡的直線段。如果真的是那樣，那麼瑞典若縮減社會基礎架構，我們也應該做同樣的事。

　　但是只要你相信有些國家的福利太多而有些太少，你就會知道線性圖是錯的。還有比「政府大就壞，政府小就好」更複雜的原則在發揮功效。向沃德請教的將軍也面臨同類問題：裝甲太少，飛機會遭擊落；裝甲太多，飛機會飛不動。問題不在於加強裝甲是好還是壞，因為兩種可能性都存在，重點是要看一開始時裝甲的厚薄程度而定。如果有最佳的解答，應該會介於中間，往哪頭偏離都會帶來壞消息。

　　非線性思維的意思是說：你該往哪個方向前進，取決於你目前在哪兒。

　　這種見解並不新穎。羅馬詩人何理思（Horace）的名言就說：凡事都有中庸之道。最終會有一些界線，不及或超過它，都達不到正確境地。而更早之前，亞理斯多德就曾經在《尼各馬科倫理學》（*Nicomachean Ethics*）裡說過，吃太多或太少都會引起消化不良。最佳狀況應該介於中間，因為飲食與健康的關係不屬於線性，而是曲線的，兩種極端都不好。

拉弗曲線

讓人感覺諷刺的是，卡托研究所那些保守派經濟學家曾經比誰都懂這件事。看到我畫的第二張圖了嗎？那張特別合乎科學而中間鼓起的曲線圖，我並非畫這種圖的第一人。這種圖稱為拉弗曲線（Laffer curve），四十年來幾乎占據美國共和黨經濟學的中心位置。雷根主政時期中葉，這條曲線已經變成討論經濟時的常客。而班・史坦（Ben Stein）在電影「蹺課天才」中扮演的經濟學教授，就即興講了一段話：

有人知道這是什麼嗎？全班同學？任何一位？……任何一位？之前有人看過嗎？這是拉弗曲線。有人懂得它在說什麼嗎？它告訴你在歲入曲線的這一點，你會得到跟在這一點同樣的收入。這是很有爭議的。有人知道布希副總統在 1980 年把這個叫什麼嗎？有人知道嗎？叫什麼毒經濟學的，它叫「巫毒」經濟學。

拉弗曲線的傳奇故事如下：1974 年時，經濟學家拉弗（A. Laffer）還在芝加哥大學任教，有一晚與後來的副總統錢尼（D. Cheney）、當時的白宮幕僚長倫斯斐（D. Rumsfeld）以及《華爾街日報》編輯萬尼斯基（J. Wanniski）在華盛頓一家頂級大飯店吃晚飯，他們熱烈討論福特總統的稅務方案，就像很多知識份子爭論得太厲害時會畫圖來解釋一樣，拉弗要了一張餐巾 *，畫了像次頁這張圖：

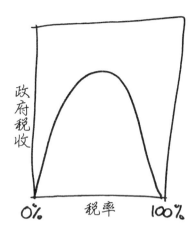

　　此處橫軸代表稅率，縱軸代表政府從納稅人那裡得來的收入。在最左端稅率為 0%，根據定義，它的意思是政府沒有歲入。在最右端稅率為 100%，意指你所有的收入，不管是做生意的盈餘還是賺來的薪資，都送進了政府的口袋。

　　不過這是空話。假如政府把你賺的每一分錢，不管是教書、賣雜貨、做小經理得來的，全都拿走，你幹嘛還要工作呢？在橫軸最右端，人們會停止工作。如果他們還工作，一定是在非正式的經濟利基下，處於稅務人員的手無法觸及的地方。總之，此處政府的收入還是等於零。

　　在曲線的中間部分，政府從我們的所得裡既非全拿，也非全不拿。換句話說，在真實世界裡，政府總是會有些稅收。

　　所以，記錄政府抽稅比率與稅收之間的曲線，不可能是直

---

* 拉弗否認他用了餐巾，因為飯店提供的是餐巾布，他絕不會在那上面進行經濟塗鴉。

線。倘若是直線的話，最大稅收應該出現在圖表最左端或最右端，然而兩頭稅收均為零。假設目前所得稅真的已經接近零，也就是你在圖表的左邊，那麼增加稅率會讓政府有多餘的錢支持福利計畫，正像你直覺預期的那樣。但是假設稅率已經接近100%，再提高稅率反而會減少政府的收入。如果你在拉弗曲線最高峰的右側，而你想在不減少歲出情況下降低赤字，有一條簡單而政治上好看的解決方法：降低稅率，以此增加實際的稅收。你該往哪個方向走，取決於你現在處在哪兒。

搞清楚自己在哪裡

我們現在位於哪兒呢？這就是讓人搞不清的地方。在 1974年，美國的最高稅率是 70%，於是認為美國已經到達拉弗曲線右側走下坡的觀念頗能吸引人，少數有幸達到這種稅率的人更是特別支持，但只有年收入超過二十萬美金 * 的部分，會課以此最高稅率。萬尼斯基強而有力的鼓吹拉弗曲線，1978 年他寫了一本自信滿滿的書《世界運作的方式》†，把拉弗的理論注入公眾意識裡。

萬尼斯基確實是拉弗理論的信徒，他有熱忱與政治手腕，能使連鼓吹減稅人士都覺得邊緣的觀念，獲得注意。人家說他古怪，他也不在乎。他問記者：「『古怪』算什麼？愛迪生古怪，萊布尼茲古怪，伽利略古怪，很多人都古怪。凡是有人對習以為常的看法有不同見解，產生出遠離主流的觀念，就會被認為古怪。」

---

* 以今天的收入而言，大約在五十萬到一百萬美金之間。
† 書名原文為 *The Way the World Works*，而世界運作的方式就像我在此書要說的。

（插句話：我必須指出，那些懷抱非主流觀念，卻又自比為愛迪生或伽利略的人，從來沒有正確過。我每個月都會收到這種口氣的來信，通常是一些號稱「證明」了某些數學命題的人，其實那些命題數百年前已知是錯誤的。我可以向你保證，愛因斯坦從來沒有到處跟人說：「我知道廣義相對論看起來是有些怪怪的，但是當年他們不也這麼批評過伽利略！」）

拉弗曲線很容易展現，又能適度衝擊我們的直覺，最容易推銷給那些本來就渴求減稅的政客。經濟學家范里安（Hal Varian）這麼說過：「你可以用六分鐘讓一位國會議員聽懂，然後他可以談論六個月。」萬尼斯基先擔任眾議員坎普（Jack Kemp）的顧問，然後擔任雷根的顧問。1940 年代雷根是有錢的電影明星，這個經歷形成他四十年後對經濟的定見。他的預算局長斯托克曼（David Stockman）回憶道：

第二次世界大戰期間所得稅率曾高達 90%，雷根常說：「我在二戰時期進入賺大錢的電影圈，你只要拍四部電影，就到達最高稅級，所以我們一拍完四部電影，就去鄉間渡假了。」他的經驗告訴他，高稅率導致少幹活，低稅率導致多幹活。

時至今日，很難找到經濟學者認為，我們在拉弗曲線的下坡段了。這種狀況並不意外，因為今日收入最高的人，稅率也只有 35%，這種稅率在二十世紀的大半時間裡，都讓人覺得低得荒謬。其實即使是在雷根主政期間，我們恐怕也是在曲線的左側。哈佛大學經濟學教授也是共和黨的曼昆（Greg Mankiw），曾任小

布希總統的經濟顧問委員會主席，曼昆在他寫的個體經濟學教科書中說：

後續的歷史並沒有支持拉弗的推測，也就是降低稅率並沒有增加稅收。雷根一當選就削減稅率，結果收到的稅是更少而非更多。1980 年到 1984 年，美國政府從個人所得稅徵得的收入（經通膨調整後），降低了 9 個百分點，但同時期的人均所得（經通膨調整後）上升了 4 個百分點。然而一旦減稅政策付諸實施，就很難回頭。

我們也需要替供給面經濟學家說點話。首先，稅制的目標並不一定就是要使政府獲取最大的進帳。前言遇過的傅利曼就是鼓吹減稅與自由意志哲學的有力人士。二戰時，傅利曼在統計研究組進行祕密的軍事研究，後來更成為諾貝爾獎得主，以及幾位美國總統的顧問。傅利曼有名的減稅口號說：「不管在什麼局面，用什麼藉口，為任何理由，只要可能，我都贊成減稅。」他並不認為我們該朝拉弗曲線的頂端前進，在那裡政府的稅收會達到最大。傅利曼認為，政府收的錢最後都自己用掉，而且經常把錢糟蹋掉而未加以善用。

曼昆之類比較溫和的供給面經濟學家會推論，減稅能讓人增強努力工作的動機，從而啟動新事業。即使減稅的短程作用會讓政府降低收入、增加負債，但是最終會導致較強、較富的經濟。較傾向分配面的經濟學家會從正反兩面看減稅的作用：政府開支能力降低，就會減少基礎建設、放鬆管制詐欺，且一般而言會少

做能使自由貿易興盛的措施。

　　曼昆也指出，原來要照 70% 稅率繳稅的富翁，在雷根減稅之後，確實貢獻了更多的稅收 *。如此一來可能會導致讓人有點煩惱的可能性：如果想增加政府稅收，就該向中產階級增稅，因為他們除了更努力工作外別無選擇；同時要大砍富人的稅率，因為那些傢伙囤積了足夠的財富，一旦感覺政府課稅太兇，就會威脅把經濟活動停擺或轉移海外。如果真是這樣的話，一大票自由主義者將不安的爬上傅利曼的方舟：也許加大稅收最終並非良策。

　　曼昆的最終評估相當客氣，他說：「拉弗的論證並非全無價值。」我倒願意給拉弗多打點分數！他的圖解凸顯了一項基本而無爭議的數學論點，就是稅率與稅收必然是非線性的。當然，它不必像拉弗那樣只畫一個山峰，它可以像梯形，

或如駝峰，

---

* 是否真的像供給面理論所預測，一旦高賦稅的困擾降低，富人就更加努力工作，使政府稅收增加，其實更難確認。

或者亂七八糟上下擺盪 *，

然而線條只要在某個地方彎上去，就會在別的地方彎下來。經濟學家不會否認確實有太瑞典化這回事。同時就像拉弗自己指出的那樣，在他之前，許多社會學家早就理解這回事。但是對大多數人而言，至少在看到餐巾上的圖像前，是搞不太清楚的。

拉弗很明白，他的曲線並無能力告訴你，在任何指定時間下的任何經濟實體，到底有沒有徵稅過頭。那就是為什麼他沒有在圖上標出數字。當拉弗在美國國會聽證會上作證，有議員詢問他最佳稅率的精確位置時，他承認：「坦白說，我沒法量度出來，我只能告訴你，它的特徵是怎樣。」拉弗曲線能說的就是，在某些狀況下，降低稅率可以增加稅收。但是搞清楚到底是什麼狀況，卻需要深刻艱難的實證工作，要做那種絕對無法在餐巾上寫完的研究。

拉弗曲線本身並沒有錯，錯的是人們使用它的方式。萬尼斯基與隨他的笛音起舞的政客，都在一項最古老的錯誤三段論法上栽了跟頭：

---

* 或者更可能根本不是單一的曲線，萬登能（Martin Gardner）在他評價供給面理論的酸文〈拉弗曲線〉裡，畫了揪成一團的所謂「新拉弗曲線」。

降低稅率「有可能」增加政府的稅收；

我「希望」降低稅率會增加政府的稅收；

所以，「降低稅收」會增加政府的稅收。

第2章

局部平直，大域彎曲

你也許從沒想過，需要專業數學家來告訴你，並非所有曲線都是直線。然而處處可見線性的推論。每當你說某種東西很棒，所以多一些會更好的時候，你就在做線性推論，煽動政治情緒的人更需倚靠它，「你支持對伊朗動武嗎？任何讓我們看不順眼的國家，我猜你都會想派地面部隊去進攻。」或者另一種情況，「要跟伊朗打交道嗎？你或許也認為希特勒只是遭誤解了。」

其實多想一下就知道它是錯的，但為什麼這種推論方式如此常見？為什麼有人會認為（即使只有短暫的一秒鐘）所有曲線都是直線，但事實卻明擺著並非如此？

理由之一是，在某種意義下，所有曲線確實都是直線。故事得從阿基米德講起。

首先來看圓面積怎麼算。

次頁圖裡的圓，面積是多少？

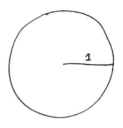

　　在當今世代，這個問題很普通，你可以把它當作 SAT（俗稱「美國高考」）的考題。圓面積是 πr^2，在本例中半徑 $r = 1$，所以面積等於 π。但是在兩千年前這是一條惱人的問題，重要性甚至吸引了阿基米德的注意力。

　　這個題目為什麼很難？其中一個理由是，希臘人不像我們現在把 π 當成一個數。他們理解的數是正整數，是數東西時用的數，例如：1、2、3、4……。但是開啟希臘幾何偉大成就的畢氏定理 *，卻把他們的數字系統搞完蛋了。

　　請看下圖：

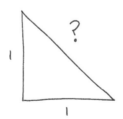

---

* 附帶一提，我們不知道誰最先證明了畢氏定理，不過學者幾乎可確定，不是畢達哥拉斯本人。我們除了從稀有的當代文獻中，知道公元前六百年曾經有一位叫畢達哥拉斯的著名學者外，對他的生平與學術幾乎毫無所悉。在他死後將近八百年之後，才出現對於他的生平與學術的記述。那時，真實的畢達哥拉斯這個人，已經由畢達哥拉斯的迷思取代，是把一群自稱畢達哥拉斯學派學者的哲學思想，都集合到畢達哥拉斯的名下。

　　此圖中三角形的斜邊，也就是沒有碰到直角的那邊，按照畢氏定理，它的平方會等於另外兩邊（也稱為股）各自平方的和。在本圖中，就會是 $1^2 + 1^2 = 1 + 1 = 2$。特別是，斜邊會比 1 長，但比 2 短（你一看就知道，不需要任何定理來證明）。對希臘人而言，長度不是整數並非問題所在。也許我們只是用錯了量度的單位。假如我們選擇量度的單位，使兩股長度均為 5，你可以用直尺量出斜邊約 7 單位長，但只是大約，其實會稍微長一些。斜邊的平方其實是

$$5^2 + 5^2 = 25 + 25 = 50$$

假如斜邊長為 7，它的平方會是 $7 \times 7 = 49$。

　　假如你把兩股量成 12 單位長，斜邊就幾幾乎是 17 單位長，但還要再短一些些，因為 $12^2 + 12^2$ 等於 288，只比 17^2（答案為 289）短一絲絲而已。

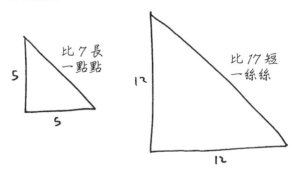

　　大約在公元前五世紀，畢氏學派裡的某人發現一項驚人事實：量度等腰直角三角形時，根本沒辦法使每邊的長度都是整

數。現代人會說：「2 的平方根是無理數。」也就是說，它不是任何兩個整數的比值。但是畢氏學派不會這麼說。為什麼呢？他們對於量的概念是建築在整數的比值上，因此對他們而言，斜邊的長度不是一個數，是重大發現。

這項發現引起了騷動。你要記得畢氏學派是一群古怪的人，他們的哲學是大雜燴，有些東西我們現在歸為數學，有些東西我們現在視為宗教，有些東西我們現在認為是心理疾病。他們相信奇數是好的，偶數是壞的；在太陽另一邊跟地球對稱的地方，有一個跟地球一樣的「反地球」（Antichthon）；吃豆子是錯誤的，據說他們認為，豆子囤積了死者的靈魂。傳說畢達哥拉斯本人有能力跟牲畜交談（叫牠們別吃豆子），而且是極少數會穿褲子的古希臘人之一。

畢氏學派的數學跟他們的意識型態緊密結合。有一個故事也許並非真實，但正確給出了畢氏學派的風格。故事是說，發現 2 的平方根並非整數比的人叫希帕蘇斯（Hippasus），他的同門因為這項令人倒胃口的發現，乾脆把他丟到海裡淹死。

但是你沒辦法把定理淹死。畢氏學派的後繼者，像是歐幾里得與阿基米德，必須捲起袖子進行量度，就算得到的結果離開了整數形成的快樂花園也得量。雖然沒人知道圓的面積能不能只用整數來表示 *，然而輪子還是得製造，糧倉還是得填滿 †，所以量度

---

* 其實是不行的，但是在十八世紀以前，沒人知道如何證明此事。

† 其實在二十世紀初之前，糧倉並不是圓柱形的。威斯康辛大學教授金（H. W. King）發明了如今到處可見的圓柱筒狀設計，解決了角落裡穀粒容易損耗的問題。

必須要做。

　　歐幾里得在《原本》（*Elements*）的第 12 章，講述了歐多克索斯（Eudoxus of Cnidus）解決問題的原創概念。不過在阿基米德手上，才充分發揮了此理論的威力。今天我們稱呼他的方法為窮盡法，狀況如下：

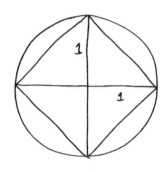

　　上圖中，圓裡的正方形稱為內接正方形，它的每個頂角都觸及圓，但是沒有超越圓的邊界。為什麼要畫這個圖呢？因為圓神祕又令人敬畏，但是正方形很容易懂。如果你面前有一個正方形，邊長是 X，那麼它的面積就是 X 乘 X。那也就是為什麼我們把一個數的自乘叫做平方！數學世界裡有一條基本規律：如果宇宙給你一條難題，先試試看解一條比較簡單的問題，並且希望簡單版與原來困難版相去不遠，而使宇宙不會全然排斥。

　　內接正方形劃分出的四個三角形，每個都是我們剛畫過的等腰三角形 *，所以正方形的面積是三角形面積的四倍。每個三角形

---

* 其實我們可以說，那四塊三角形都能從原來的三角形在平面上經過滑動與旋轉得來。在這類操作中，圖形的面積並不會改變，是我們當作已知的性質。

又正好是把邊長為 1 的正方形從對角線割開，形成鮪魚三明治的形狀。

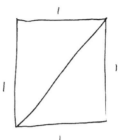

正方形的面積等於 1 × 1 = 1，所以每個三角形的面積是 1/2，於是內接正方形的面積是 1/2 的 4 倍，也就是 2。

順便一提，如果你本來不知道畢氏定理，你猜怎的，你現在知道了！至少你知道畢式定理對這個特別的直角三角形能說些什麼。你看鮪魚三明治右下角的直角三角形，跟內接正方形西北角的那個三角形完全一樣，那個三角形的斜邊剛好是內接正方形的邊。所以當你取斜邊的平方時，就得到內接正方形的面積，就是 2。換句話說，斜邊的長度等於 2 的平方根。

內接正方形整個包含在圓之內，假如它的面積為 2，那麼圓的面積至少有 2。

我們現在畫另一個正方形：

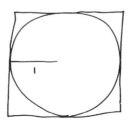

　　這個正方形稱為外切正方形，它也只在四點接觸到圓，不過此正方形包含圓。它的邊長為 2，所以面積為 4。我們因而知道圓的面積最多為 4。

　　單是證明 π 在 2 與 4 之間，也許沒什麼了不起。但是阿基米德才剛剛開始起步。在內接正方形相鄰兩角之間標示出新的點，這個點介於兩個角距離的中點，且落在圓上。你於是得到圓周上 8 個等距離的點，把它們連結起來，會得到一個內接的八邊形，輪廓看起來就像是「停車」的交通號誌。

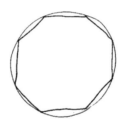

　　計算內接八邊形的面積有些難，我也不想用三角學困惑你。重點是涉及的是直線與角，而非曲線，這些都是阿基米德擁有的工具能對付的問題。八邊形的面積其實是 2 的平方根的兩倍，約略等於 2.83。

　　你也可以對外切正八邊形玩同樣的把戲。

它的面積是 $8(\sqrt{2}-1)$，約略超過 3.31。

幹嘛要在此打住呢？你可以在八邊形的角與角之間加點（無論是內接或外切），造出一個正 16 邊形。使用一些三角學後，可以知道圓的面積介於 3.06 與 3.18 之間。再做一次，會造出 32 邊形；再做、再做，不久你就會看到如下的景況：

等一等，那不就是圓了嗎？當然不是！那是一個有 65,536 邊的正多邊形，你看不出來嗎？

歐多克索斯與阿基米德了不起的洞見在於，察覺出這個圖形究竟是圓，還是有極多短邊的多邊形，其實無關緊要。對你心中的任何需求而言，兩者的面積都夠相近。圓與多邊形之間的邊緣地帶，因為我們不斷反覆前進而「窮盡」掉了。圓確實有彎曲，但它的每一個微小彎曲區段，都可以用完美的直線段逼近，就像是我們站立的一小塊地球曲面，都可以用完美的平面來逼近＊。

應該記在心裡的口號是：局部平直，大域彎曲。

或者你可以這麼來想。假設你從很高的地方向圓滑降，一開始你能看到整體：

＊ 至少，倘若你如我一樣住在美國中西部，就會有這樣感覺。

然後只看到一段弧線：

然後是更短的一段：

　　不斷放大再放大，以致於你看見的，已經很難跟直線區分。在圓上的**螞蟻**，只能覺察貼身的微小環境，因此會以為自己是在直線上。就像地球表面上的人，除非聰明到能從觀察遠方物體由

地平線冒出，而發覺地表不是平面的，否則都會以為自己站在平面上。

破解微積分

我現在要教你微積分了，準備好了嗎？感謝牛頓給我們一項概念：完美的圓並無特殊之處。每一條曲線，只要放大到夠大，看起來都像是直線。只要曲線沒有尖銳的轉角，不管它多麼纏繞扭曲，都滿足這個特性。

當你發射一枚彈道飛彈，它的路徑看起來像這樣：

彈道飛彈先升後降，走一條拋物線。重力使所有運動都彎向地球，那是我們具體生活的事實。但是我們把非常短的一段放大後，曲線開始會看起來像下面這樣：

再來像這樣：

　　正如圓一樣，肉眼看來，彈道飛彈的路徑便是以某個角度向上飛的直線。重力引起偏離直線的程度，微小到看不出來，當然我們知道它仍然存在。再看進更小的區域內，曲線就更像直線。愈近看、線愈直，愈近看、線愈直……

　　現在要來一個概念上的跳躍，牛頓說我們乾脆幹到底，把視野縮小到無窮小，無窮小是那麼的小，比任何你能說得出的都小，但又不是零。現在你研究彈道飛彈的弧線，但不是在非常短的時間區段，而是在一瞬間。原來幾乎是直線的變成就是直線。牛頓稱這條直線的斜率為流數（fluxion），我們現在稱為導數（derivative）。

　　阿基米德不願意做這種跳躍，他雖然瞭解多邊形的邊長愈短愈接近圓，但是他絕對不會說圓就等於邊數無窮多、邊長無窮短的多邊形。

　　很多與牛頓同時期的人也不太願意順從這個想法。其中最有名的是柏克萊（George Berkeley），他用一種今日數學文獻裡不會見到的極度嘲諷口吻，譴責牛頓的無窮小，他說：「流數是些什

麼玩意兒？它們是消散增量的速率。那麼什麼是這些消散中的增量？它們既不是有限量，也不是無窮小量，然而也不是空無一物。我們豈非要稱之為消散量的鬼影？」

但是微積分就是有用。假如你用繩子綁住石頭在頭上轉圈，然後突然放手，它會沿著直線以等速飛射出去 *，微積分能正確告訴你，石頭脫手瞬間的前進方向。牛頓的另一個洞識是說，運動中的物體會沿直線路徑前進，除非另有外力把物體推向這邊或那邊。

這也解釋了我們為何很自然用線性思考：我們關於時間及運動的直觀，來自我們從世界裡觀察到的現象。在牛頓寫下他的定律之前，我們已經依稀覺知到，除非另有改變方向的理由，物體會沿直線前進。

突破無窮小

批評牛頓的人也有正當的立場，牛頓構造導數的方法，並不符合我們今日所謂嚴格數學的標準。問題就在無窮小的觀念，其實它已經跟數學家夾纏不清超過千年。麻煩最早始於芝諾（Zeno），他是公元前五世紀希臘伊利亞（Eleatic）學派的哲學家，很會問一些關於物質世界中看起來貌不驚人的問題，但是這些問題最終會發展成眾聲喧譁的哲學大問題。

他最有名的悖論是這麼說的：我決定要走去冰淇淋店，我當

---

* 其實這個情況除了有重力的作用，還有空氣阻力等等因素。但是在很短的時間裡，用線性逼近已經足夠。

然不可能一步就走到冰淇淋店，我必須先走一半的路程。一旦我
走到半路，除非我先走完剩餘路程的一半，否則不可能走到冰淇
淋店。這段走完之後，我還需走完剩餘路程的一半，如此這般，
不斷繼續，我會愈來愈接近冰淇淋店，但是不管重複多少次這種
步驟，我都沒有真正抵達冰淇淋店。我總是與那兩球可口的冰淇
淋有一段極小卻非零的距離。於是，芝諾下了結論：走到冰淇淋
店是不可能的事。這個結論對任何目的地都適用，要過街、甚至
邁出一步、或搖擺手臂，都同樣不可能。一切的運動都不可能。

　　據說犬儒學派的戴奧真尼斯（Diogenes）為了反駁芝諾的推
論，就從房間這頭走到那頭。這是證明運動有其可能的好辦法，
所以芝諾的推理一定有什麼地方出錯，到底錯在哪裡呢？

　　把走向冰淇淋店的路徑用數字分段，首先你走一半，然後你
走剩餘路程的一半，也就是全程的 1/4，你還有 1/4 需要走。剩
下的一半是 1/8，之後是 1/16，之後是 1/32。你向冰淇淋店推進
的距離看起來如下：

$$1/2 + 1/4 + 1/16 + 1/32 + \cdots\cdots$$

　　假如你把這個數列的前 10 項加起來，結果大約是 0.999，假
如你加到 20 項，結果大約是 0.999999。換句話說，你真的離冰
淇淋店很近、很近、很近。但是不管你加多少項，你都得不到 1。

　　芝諾的悖論很像另一個讓人糊塗的數學問題：循環小數
0.99999……等不等於 1？

　　我曾經看過有人為了這個問題吵到快打架*。線上遊戲「魔

獸世界」的粉絲網頁或討論小說家暨哲學家艾茵・蘭德（Ayn Rand）的論壇上，都有人熱烈爭議此話題。對於芝諾的悖論，我們的直覺是「你當然最後會走到冰淇淋店」，但是現在這個情形，直覺會指往相反方向。大部分人如果非得給答案，會說 0.99999……不等於 1。確實，它看起來就不像 1，好像比 1 小一點點，但又不是小太多！就像芝諾所描述那個愛吃冰淇淋的傢伙，雖然愈來愈接近目標，但是好似總也到不了。

然而，不管哪裡的數學老師，包括我自己在內，都會對大家說：「它不是別的，就是 1。」

我如何說服人家站到我這邊呢？有一招妙法如下，人人都知道：

$$0.33333…… = 1/3$$

等號兩邊同乘 3，你得到

$$0.99999…… = 3/3 = 1$$

用代數來證明

如果這還不能說服你，那麼試試看用 10 來乘 0.99999……，效果就是把小數點向右移一位，

---

* 不瞞你說，就是參加數學夏令營的那些青少年。

$$10 \times (0.99999\cdots\cdots) = 9.99999\cdots\cdots$$

現在把討厭的小數點消掉，

$$10 \times (0.99999\cdots\cdots) - 1 \times (0.99999\cdots\cdots)$$
$$= 9.99999\cdots\cdots - 0.99999\cdots\cdots$$

因為 10 乘上某數再減掉某數，正好是 9 乘上某數，所以等號左邊就是 $9 \times (0.99999\cdots\cdots)$。在等號右邊，我們剛好把無窮小數給消掉，只剩下 9。於是最終我們得到

$$9 \times (0.99999\cdots\cdots) = 9$$

如果 9 乘上某數等於 9，那某數勢必為 1，對不對？

通常以上的推論已經足夠說服人了。但是老實說，好像還欠缺點什麼。它沒有處理宣稱 $0.99999\cdots\cdots = 1$ 帶來的不確定性焦慮，而是表露出代數的脅迫力。「你相信 1/3 等於 $0.333\cdots\cdots$，3 一直重複下去，是不是？是不是？」

更糟糕的是，你也許相信我用 10 來乘的推論，但是下面這個例子又怎麼說呢？

$$1 + 2 + 4 + 8 + 16 + \cdots\cdots = ?$$

此處……的意思是「不斷加下去，每次都把前一項加

倍」。這樣加下去，當然會變成無限大！然而用類似前面處理 0.99999……的推論法，好像會得出不一樣的結果。把上面的和乘 2，你得到

$$2 \times (1 + 2 + 4 + 8 + 16 + \cdots\cdots) = 2 + 4 + 8 + 16 + \cdots\cdots$$

看起來跟原來的和很像，它只是把原來的 $(1 + 2 + 4 + 8 + 16 + \cdots\cdots)$ 中的第一項 1 刪去，也就是說 $2 \times (1 + 2 + 4 + 8 + 16 + \cdots\cdots)$ 等於 $(1 + 2 + 4 + 8 + 16 + \cdots\cdots)$ 減 1，於是

$$2 \times (1 + 2 + 4 + 8 + 16 + \cdots\cdots) - 1 \times (1 + 2 + 4 + 8 + 16 + \cdots\cdots) = -1$$

但是化簡左邊會得回原式，我們就剩下

$$1 + 2 + 4 + 8 + 16 + \cdots\cdots = -1$$

我們該相信哪一個呢？[*]加上愈加愈大的數，加了無窮次，居然會翻轉到負數王國，可能嗎？更古怪的還有求次頁這個無窮和：

---

[*] 為了不要讓你的心懸在半空中，我可以告訴你，在某種場合，也就是所謂 2 進數制裡，這種看起來很荒誕的推論可以為真。對於喜愛數論的讀者，我們會在書末註解提供更多說明。

$$1 - 1 + 1 - 1 + 1 - 1 + \cdots\cdots$$

首先可觀察到

$$(1 - 1) + (1 - 1) + (1 - 1) + \cdots\cdots = 0 + 0 + 0 \cdots\cdots$$

所以總和為零，因為即使無窮多個零加在一起應該還是零。另外，因為負負得正，所以 $1 - 1 + 1$ 等於 $1 - (1 - 1)$；不斷使用此規則，原來的和可以重新寫成

$$1 - (1 - 1) - (1 - 1) - (1 - 1) \cdots\cdots = 1 - 0 - 0 - 0 \cdots\cdots$$

因此看來答案應該是 1！那到底總和是 0 還是 1？或者半數時間是 0，半數時間是 1？答案好像會跟你在什麼時候停止有關，可是無窮求和是永不停止的！

先別下結論，因為狀況會更糟。假設 T 代表我們神祕的和：

$$T = 1 - 1 + 1 - 1 + 1 - 1 + \cdots\cdots$$

兩邊取負值，就會給你

$$-T = -1 + 1 - 1 + 1 \cdots\cdots$$

然而等式右邊恰好是定義 T 的無窮和減去第一項的 1，於是

$$- T = - 1 + 1 - 1 + 1 \cdots\cdots = T - 1 \, 。$$

方程 $-T = T - 1$ 的唯一解是 T 等於 1/2。無窮多個整數加在一起，會像變魔術一樣變成分數嗎？假如你說不會的話，對於上面這種滑頭的論證，你有權利抱持一些懷疑。不過確實也有人說會變成分數，包括義大利教士兼數學家格蘭迪（Guido Grandi），級數 $1 - 1 + 1 - 1 + 1 - 1 + \cdots\cdots$ 通常以他的名字命名。

在 1703 年的一篇論文中，格蘭迪論證此級數的和為 1/2，並說如此神奇的結論代表了宇宙從虛無中創生。（不要擔心，我不會跟隨他最後那步推論。）同時代其他領頭的數學家，像萊布尼茲與歐拉，也都做過格蘭迪的古怪計算，不過他們並沒有接受他的解釋。

自己動手求證

事實上，解答 0.999……的謎（以及芝諾的悖論、格蘭迪的級數），需要更深刻的思考。你不必屈服於我的強勢代數訴求，你可以堅持主張 0.999……不等於 1，而是 1 減去某個無窮小數。同樣，你或許進一步可堅持主張 0.333……並非恰恰好等於 1/3，也是差了一個無窮小量。雖然這種觀點需要用點氣力才能說得通，不過確實可以辦得到。我曾經在微積分課上教過一位叫做布萊恩的學生，他不喜歡教科書裡的定義，自己動手發展了一堆理論，並把其中的無窮小量稱為「布萊恩數」。

布萊恩並不是第一個幹那種事的人。有一整個數學領域專

門研究那類的數，那是羅賓森（Abraham Robinson）在二十世紀中期發展出來的非標準分析（nonstandard analysis），它總算把柏克萊嘲諷的「消散增量」講清楚其所以然。你因而要付出的代價（或從另外一個觀點來看，你因而獲得的報酬），是噴發出一大堆新鮮種類的數，有無窮小的，也有無窮大的，包含各種類型與大小的數 *。

　　結果，布萊恩還算幸運。我在普林斯頓大學的同事尼爾森（Edward Nelson）是非標準分析的專家，我安排他與布萊恩見面，讓布萊恩有機會多學點東西。尼爾森後來告訴我，見面的狀況不怎麼好，因為當尼爾森清楚的告訴布萊恩，無窮小量不會命名為「布萊恩數」之後，布萊恩就對此毫無興趣了。

　　（經驗之談：凡是為了追求名聲而進入數學領域的人，都不會在數學世界裡停留太久。）

　　但是我們還沒有進一步解決爭議，到底 0.999……是什麼東西？是 1 嗎？還是比 1 少掉一個無窮小的數，是那種一百年前尚未被發現、類型怪異的數嗎？

把無窮多的東西加在一起

　　正確的答案是不問原來的問題：到底 0.999……是什麼東西？它看似指一種和：

---

* 由康威（John Conway）發展出的超現實數（surreal number）更是迷人又古怪的例子，它們是介於數與策略性賽局之間的奇妙混種，深度也還沒有得到全面的探索。由伯利坎普（Elwyn Berlekamp）、康威及蓋（Richard K. Guy）三人合寫的《致勝之道》（*Winning Ways*）是學習這類奇妙數的好地方，該書還有眾多關於數學遊戲的材料。

.9 ＋ .09 ＋ .009 ＋ .0009 ＋⋯⋯

但那又是什麼意思呢？那些惱人的點點點才是真正的問題所在。把兩個數、三個數或一百個數加在一起的意義，不會產生爭議。這只是我們非常瞭解的一種實體程序的數學記號：只是有一百堆東西攪和一起，再看你究竟有多少東西。然而無窮多完全是另一回事。在真實世界裡，你從來不會有無窮多堆東西。無窮和會是什麼樣的數值呢？它其實沒有定值，除非我們賦予它一個定值。這是法國數學家柯西（Augustin-Louis Cauchy）偉大的創見，他在 1820 年把極限引入了微積分。†

英國數論家哈地（G. H. Hardy）在 1949 年出版的《發散級數》（*Divergent Series*）一書中說得好：

對於現代的數學家而言，數學符號在定義定好它們的意義之前，不應該擁有任何「意義」。然而在十八世紀，即使是最偉大的數學家也難有這種體認。他們沒有給定義的習慣：他們不會說：「寫成 X 的意義，其實是 Y。」⋯⋯粗略的說，在柯西之前，數學家不會問：「我們該如何定義 1 － 1 ＋ 1 － 1 ＋⋯⋯？」而是問：「1 － 1 ＋ 1 － 1 ＋⋯⋯等於什麼？」這種思考習慣，讓他們遭遇不必要的困惑與爭議，其中許多其實只是文辭的疑意。

---

† 正如所有數學上的突破一樣，柯西的極限理論也有先河。例如，柯西的定義頗符合達朗貝爾（Jean le Rond d'Alembert）關於二項式級數誤差項的界限。不過毫無疑問，柯西是分水嶺；在他之後，分析學才現代化。

　　這並不是隨隨便便的數學相對主義，我們並不會因為可以賦予一串數學符號任何意義，就毫無約束的去做。就像在真實人生中有好的選擇，也有壞的選擇一樣，在數學的脈絡裡，好的選擇能削減不必要的混淆，不致產生新的困惑。

　　.9＋.09＋.009＋……，項數加得愈多，愈接近 1，而且不會再遠離。不管你給 1 圍上多麼緊的警戒線，在加到足夠多個有限項後，總和就會穿越警戒線，並且再也不離開。在這種情況下，柯西說我們乾脆把無窮項的和就定義為 1。然後他很努力的證明，一旦採納這個定義，矛盾並不會在別的地方冒出。當這些工作完成後，他就成功建立了一個使牛頓微積分完全嚴格的架構。

數學超越直覺

　　當我們說從某個角度看來，局部的曲線像是直線，我們現在的意思大約如下：當你把視野愈拉愈近，曲線就愈來愈像已知的直線。在柯西的體系裡，沒有必要提及無窮小量，或任何讓人心生懷疑的東西。

　　這當然要付一些代價。0.999……問題之所以會令人困惑，是因為它使我們的各項直覺發生衝突。我們一方面希望無窮級數的和遵守算術運算規則，就像我們在前面執行過的一些計算一樣，所以好像應該要求和等於 1。但是從另外一方面來看，我們又希望每個數都只用一個符號來表示。那麼如果有某個數，如果我們喜歡的話，可以叫 0.999……，也可以叫 1，就不符合希望。

　　我們不能同時保有這兩種希望，必須揚棄其中之一。柯西採取的途徑是把小數表示法的唯一性甩掉，此法在他之後兩世紀期

間，都充分證明了極具價值。在英語裡，有時得用兩串相異的字母（即相異的字詞），來表述世界上相同的事物，我們也不會覺得有任何困擾。因此，用兩串相異的數碼來表示相同的數，也不算太糟。

至於格蘭迪的 1 − 1 + 1 − 1……，不在柯西理論涵蓋的範圍，它屬於哈地的書裡所研究的發散級數。挪威數學家阿貝爾（Niels Henrik Abel）是柯西理論最早的粉絲，他在 1828 年寫道：「發散級數是魔鬼的發明，用它們做任何論證的基礎是可恥的。」*哈地的觀點，也是我們今日的觀點，就比較寬容：認為有些發散級數應該總是賦予和，有些則總是不適宜，還有一些是否賦予和要看它出現的場合。現代數學家會說，如果要賦予格蘭迪級數和的話，那就應該是 1/2。任何關於無窮級數的理論如果會給它和的話，就會給 1/2，否則就像在柯西的理論裡一樣，什麼和也不會分配給它。†

把柯西的定義精確寫下來，要花一些功夫。柯西自己確實是很費了點勁，他還沒能使用現代的清晰方式敘述他的概念‡。（在數學裡，你很少會從概念發明人那裡，得到概念的最清晰說明。）柯西是堅定的保守主義保皇黨，但是在數學上，他很自豪是革命家，並且會嚴厲批評學術權威。

當他瞭解如何避免使用危險的無窮小來做事後，他就改寫高等工藝學院的微積分課綱，用以反映他的新觀念，但這卻惹毛了

---

* 有點諷刺的是，格蘭迪原來是把他的發散級數用到神學目的上的。
† 用電影明星琳賽·蘿涵（Lindsay Lohan）的有名口吻說：「極限不存在！」
‡ 假如你修過使用 ε 與 δ 的數學課，你就看過正式柯西定義的後裔了。

身邊所有的人：準備上一年級微積分課的學生一頭霧水，他們並不想參加尖端數學的討論班；他的同事則認為工藝學院的工程科學生，根本不需要到達柯西嚴格要求的程度；對於管理層級方面而言，柯西完全忽視必須遵照官方課綱的要求。工藝學院由上而下要求執行強調傳統用無窮小教微積分的課程，並且派人坐在柯西的講堂裡記筆記，以此保證他按規矩辦事。但是柯西就是不按規矩辦事，他對工程師的需求根本不感興趣，柯西只對真理感興趣。

　　我們很難站在教學的立場上替柯西的態度辯護。不過我還是同情他。研究數學的最大樂趣之一是那種無可爭議的感覺：你已經找到理解某事的正確途徑，可以直指事物的核心。那是我在其他心靈層面未曾經驗過的感覺。當你懂了如何用對的方式做事，就很難允許自己（頑固一點的人甚至不可能），再用錯的方式解釋那件事。

第3章

每個人都肥胖

　　表演脫口秀的喜劇演員莫曼（Eugene Mirman）曾拿統計學開玩笑，他說他喜歡告訴人家：「我讀到一份資料說，美國人100%是亞裔。」

　　被搞糊塗的伙伴回嘴：「但你不是亞裔啊！」

　　他以極度的自信口吻講出他的哏：「我讀到我是亞裔！」

　　我在讀《肥胖》（Obesity）期刊上的一篇論文時，想起了莫曼的笑話。那篇文章的題目提出令人洩氣的問題：「全體美國人都會超重或肥胖嗎？」好像如此質問還不夠勁頭，接著寫出了答案：「是的，到2048年就會了。」

　　到2048年我就已經77歲了，我希望自己不要超重，但是我讀到我會！

　　可以想見，《肥胖》的論文獲得了媒體的關注。ABC電視網的新聞警告說：「肥胖災難」即將來到，《長灘新聞電報》（Long Beach Press-Telegram）則簡單以標題直接挑明：「我們愈來愈肥

了」。美國人對於道德評價會隨時間變化，這篇研究正與這一波的熱烈討論產生共鳴。我出生之前，男孩流行留長頭髮，共產黨罵我們腐敗。我還是幼童時，我們花很多時間玩電動玩具，注定讓勤奮的日本人超越我們。現在，我們吃太多速食，全都會因虛弱與四體不勤而亡，且周遭堆滿炸雞吃完後剩下的紙桶，整個人攤在沙發裡無法自拔。這篇論文證實煩惱肥胖是有科學根據的。

我有一些好消息告訴你，到 2048 年，我們不會全都變得超重。為什麼？因為不是所有的曲線都是直線。

線性迴歸看出趨勢

但是正如我們從牛頓那兒學到的，每條曲線都滿接近直線的。這個觀念推動了線性迴歸（linear regression）法，成為社會科學最仰賴的統計工具，猶如家庭修繕時的螺絲起子般不可或缺。不管你的任務是什麼，遲早都會用上它。每當你讀到報紙上說，表親愈多的人愈快樂，或開設「漢堡王」愈多的國家，風氣愈敗壞，或減半吸收菸鹼酸會加倍感染香港腳，或美國人的收入每增加一萬美金，就會增加 3% 的機會投票給共和黨＊。在這些例子裡，你都遇到線性迴歸。

現在來解釋線性迴歸是怎麼回事。你想瞭解兩件事彼此間的影響，譬如大學的學費與新生的 SAT 成績。你也許會以為 SAT 入學成績愈高的學校，學費愈高，但是看看數據就知道這並非普

＊ 有關這些研究的細節，可查詢《捏造資料以強化論點期刊》（*Journal of Stuff I Totally Made Up in Order to Illustrate My Point*）。

遍定律。在北卡羅萊納州柏林頓郊區的伊隆大學，SAT 中數學與語文的平均成績為 1217，每年學費是 $20,441。附近格林斯伯勒的吉爾福德學院學費比較貴一點，達 $23,420，但是新生的 SAT 成績平均只有 1131。

　　如果你檢視一大串學校，譬如在 2007 年向北卡州就業資源網路申報學費與成績的 31 所私立大學，你就會看出明顯的趨勢。

　　下圖中的每一點代表一所學校，右上角 SAT 與學費都極高的兩所學校是維克弗斯特大學與戴維森學院，接近底部的低點，唯一學費低於一萬美金的學校是卡貝勒斯健康科學學院。

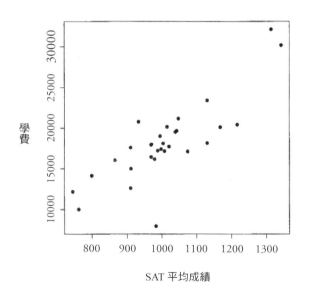

　　上圖明確顯示，SAT 平均成績愈高的學校，學費愈貴。但是高出多少？這就要用到線性迴歸了。圖裡的點顯然不構成直線，

但是你看得出來它們幾乎都落在同一條直線上，你也能手繪一條直線，差不多穿過這團點的中央。線性迴歸取代了猜測，找出穿過這些點的最近直線*。對於北卡州的大學，情形如下圖：

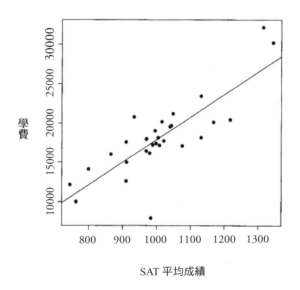

SAT 平均成績

圖中直線的斜率約為 28，意思是說：假如學費完全按照圖中由 SAT 成績畫出的直線決定，那麼 SAT 每增加 1 分，學費

---

* 在這個情況，量度「最近」的方式如下：假如你把每所學校收取的學費，換成直線所估計的值，然後你計算兩者的差，再取差值的平方，最後把所有這些平方加總。這個值估計了直線偏離各點的總體程度，然後你選擇能使此度量盡量小的那條直線。這種把平方數加到一起的做法，頗有畢氏定理的風味。事實上，線性迴歸背後的幾何，就是把畢氏定理搬到較高維數的空間。不過，我想此處空間不足以講清這一點所需的代數。請參見《數學教你不犯錯》下冊第 15 章討論相關性與三角學的部分。

就增加 $28。你如果能提高新生成績標準 50 分，你就可以多收 $1400。（或者從家長的角度來看，你家小孩成績進步 100 分，你一年就得多替他繳 $2800。補習的結果比你所想的更費錢！）

　　線性迴歸是非常棒的工具，適用於各種環境及各種尺度，使用起來又非常簡單，只要你在試算表裡按一下滑鼠就成了。你可以像我剛剛畫的圖表那樣，處理兩個變數的數據，但線性迴歸同樣能處理好三個變數，甚或一千個變數。每當你想瞭解哪些變數影響到另外哪些變數，以及向什麼方向變化時，它就是你頭一個拿來用的東西。線性迴歸對任何數據都能發揮功能。

　　那是它的強項，卻也是它的弱點。你可以蒙著眼使用線性迴歸，而不考慮你要建立模型的現象，到底是否接近線性。你其實不該這麼馬虎的。我說過線性迴歸像螺絲起子，確實是如此。不過從另外的角度來看，它又比較像桌上型電鋸。假如你使用它時沒有好好注意你在幹什麼，結果有可能十分悽慘。

　　拿第 2 章發射彈道飛彈的例子來看，也許你不是射出飛彈的那一方，而是飛彈要射去的那一方，那你就會非常想盡量精確的分析彈道飛彈的路徑。或許你在五個時間點上畫出飛彈的垂直位置，看起來像下圖：

　　現在你快速使用線性迴歸，得出一項了不起的結果。會有一條直線幾乎精準的通過你畫的各個點：

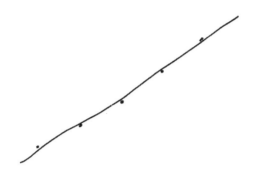

　　（這正是你的手不自覺緩慢移向電鋸刀鋒之時。）

　　你的直線給出飛彈運動的精確模型：每過一分鐘，飛彈的高度增加某個固定量，譬如說 400 公尺。經過一小時，它就達到地表上 24 公里處。那它什麼時候會落下來呢？它根本不會落下來！一條向上斜的直線只會一直向上斜，那就是直線的本性。

　　（鮮血，皮肉，尖叫。）

　　並非所有的曲線都是直線。彈道飛彈的飛行曲線，特別要強調絕非直線，它是拋物線。正如阿基米德的圓，極度近距離看時它像直線。這也解釋了，為何線性迴歸在前後相差五秒的兩次定位時效果極佳，但是如果要追蹤一小時，那就免談了吧！當你的模型說飛彈正接近同溫層時，事實上它恐怕已經朝你家奔來了。

　　我看過對於不加思索亂用線性迴歸的最生動警告，倒不是來自統計學家，而是在馬克・吐溫的《密西西比河上的生活》：

　　一百七十六年以前，密西西比河在開羅到紐奧良之間是一千二百一十五英里長。1722 年截流之後，是一千一百八十英里，在「美國灣」截流後只剩下一千零四十英里，之後又喪失了六十七英里。於是現在它的長度只有九百七十三英里……。在一百七十六年的間隔裡，密西西比河下游縮短了二百四十二英里，每年平均縮短不起眼的一又三分之一英里。因此任何冷靜的人，只要不是瞎眼或白痴，都能看出來在下個 11 月之前的一百萬年，也就是古老卵石志留紀，密西西比河比現在多了一百三十萬英里，像釣魚竿般伸入墨西哥灣。根據同樣的推論，任何人都能看出來，從今以後七百四十二年，密西西比河下游只有一又四分之三英里長，開羅與紐奧良的街道會連在一起，它們會在一個市長、一個兩市共用的議會下舒緩的過日子。科學有些地方實在很妙，對於你的猜想，只需投入微不足道的事實，就會得到整批的回報。

數學首重推論

　　微積分的方法非常像線性迴歸：它近乎完全機械化，甚至你用計算機都能執行，使用上一不小心就會非常危險。你可能會在微積分考試時碰到下面這種問題：水桶上開了一個洞，讓某種流量的水流出若干時間，然後要你計算剩餘水的重量。在有時間壓力的狀況下，很容易發生計算上的錯誤。有時學生會得到荒謬的結果，例如水桶裡的水重 − 4 公克。

　　假如學生算出 − 4 公克，氣急敗壞寫道：「我一定在哪裡搞

砸了，但不知道錯在哪裡。」我會給他們部分分數。

　　假如他們單單在考卷底部畫個圈圈，然後在裡面寫上 − 4 公克，即使推導都是正確的，只是半路上把哪個小數點擺錯了位置，我也會給他們零分。

　　計算積分或執行線性迴歸，都是電腦能有效辦到的事。要瞭解結果是否有意義，或者判斷所用的方法是否合適，都需要有人嚮導。我們教數學時，應該是教人如何成為嚮導。不能達成此任務的數學課，基本上是把學生教成微軟 Excel 的又慢又鈍版本。

　　坦白說，很多數學課幹的就是這回事。長話短說，近十幾年來如何教孩子數學的爭議，都成為所謂數學戰的競技場了。有一方的教師支持重視記憶、流暢、傳統的算法，以及精確的答案；另一方的教師認為，數學教學的重點在理解意義、發展思考方式、由導引得到發現，以及估計。

　　有時第一種路線稱為傳統式，第二種路線稱為改革式，而這些號稱非傳統的發現式教學已經存在幾十年了。哪些「改革」才真正算做改革，恰是論辯的焦點，而且是強烈的論辯。在數學的社交餐會中，你可以談政治或宗教的話題，但是一沾上數學教學法的討論，結局就是有人氣沖沖離席，離席者也許是傳統派，也許是改革派。

　　我不把自己歸入哪一個陣營，我無法同意那些改革派想廢除背誦九九乘法表的做法。當你認真思考數學問題時，難免會有需要用 6 乘 8，如果每次你都得拿出計算機來算的話，你永遠無法達到思想的流暢性。就好像每個字你都要查字典來確定拼法，你就沒辦法寫出十四行詩。

　　有些改革派認為某些傳統的算法（包括像是進行兩個多位數的加法時，把一個放在另一個的上面，並且做必要的進位）應該趕出教室，以免擾亂學生自己發現數學物件性質的過程。*

計算與觀念同等重要

　　對我來說這真是可怕的想法，這些算法是有用的工具，是人們辛苦努力得來的，我們沒有理由再從零開始。

　　另外一方面，我也認為有些算法可以從現代世界裡安全的放逐。我們不需要教學生如何手算或心算開平方（從我個人長期經驗知道，會這種心算在同儕圈裡是極佳的社交表演）。計算機也是人們辛苦努力的成果，在需要時就應該拿出來用！我甚至不在乎學生能不能用長除法計算 12 除 430，雖然我會在乎他們的數感已經充分發展，能在心中估計答案約略大於 35。

　　過分強調算法與精確計算的危險是，這類東西很容易上手。假如我們認為數學就只是「追求正確答案」，測驗也只是在檢查這一點，我們就有可能製造出會考試卻不懂數學的學生。只追求測驗分數的人也許會感覺滿意，但我是不會滿意的。

　　如果學生發展出某種模糊的數學感知，卻無法乾淨俐落

---

* 這使我想起了卡德（Orson Scott Card）的短篇故事〈無伴奏奏鳴曲〉（Unaccompanied Sonata），裡面講一個音樂神童受到小心翼翼的隔絕，不接觸世界上所有其他音樂，如此他的原創性才不會遭汙染。但是有人偷偷進來彈了一曲巴哈，當然音樂警察知道發生了什麼事情，結局是音樂神童被禁止再接觸音樂。我記得好像他的手被砍斷，眼睛也瞎了什麼的，反正卡德有這種對肉體採取處罰或禁慾的奇怪想法。總而言之，重點是不要禁止年輕音樂家聽巴哈，因為巴哈真正偉大。

又正確的解題，這種結局更糟糕。數學老師最不喜歡聽到學生說：「這觀念我懂，可是題目解不出來。」也許學生不明瞭，其實這就是「這觀念我不懂」的另一種講法。數學觀念看起來抽象，但只有當它們跟具體計算連結時才有意義。詩人威廉斯（William Carlos Williams）說得最明晰：憑空無概念（no ideas but in things）。

在平面幾何教學上的爭議更盛於其他領域，此處是教數學「證明」這項數學基礎的最後堡壘。許多數學家認為，這是「真實數學」的某種底線。我們教幾何時，不太清楚我們到底教了多少證明的美麗、威力與驚異。這類課程很容易變成近似計算 30 條定積分那樣乾燥無味的反覆練習。狀況是如此的不理想，菲爾茲獎得主芒福德（David Mumford）曾經建議，乾脆放棄教平面幾何，換成教程式設計。電腦程式跟證明有很多相似之處：都需要學生從一小袋元件裡拿出一些組裝在一起，一個緊接著一個，使得整個序列能完成某種有意義的任務。

我還沒有那麼激進，我其實一點也不激進。我跟那些立場鮮明的人不同，我認為教數學需兼顧精確答案與有頭腦的估計，既須要求流暢運用既存算法，也要有臨場搞出所以然的直覺。數學教學需要把正經辦事與遊戲相互交融，如果做不到，我們就沒有真正的在教數學。

目標很崇高，然而最優秀的數學老師一直都是這麼在做，只是在上層的管理者還在進行數學戰爭。

再回到肥胖災難

到 2048 年美國人超重的比率會有多少呢？現在你大概可以猜出來由王友發領銜的那篇《肥胖》論文的作者群，是如何推導出他們的預測結果。「全國健康與營養調查」（NHANES）針對有關健康的數據，追蹤美國人具代表性的樣本，調查項目包羅萬象，從聽力喪失到性行為感染。特別是其中關於超重的美國人的數據相當正確。所謂超重的定義是指：身體質量指數（BMI）為 25 或以上 *。近數十年來超重的人數增加了是不爭的事實。在1970 年代早期，BMI 會那麼高的美國人，不到一半。到 1990 年代，就升高到 60%，到 2008 年，幾乎四分之三的美國人都超重。

就像前面畫彈道飛彈爬升高度一樣，你可以畫出肥胖狀況隨時間的變化：

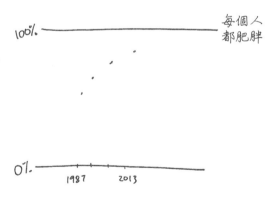

---

* 在學術性研究期刊，「超重」的意思是「BMI 大於或等於25，但小於30」，而「肥胖」的意思是「BMI 大於或等於 30」。不過我會都用「超重」泛稱這兩群人，以免要反覆的寫「超重或肥胖」。

然後你可以做線性迴歸，畫出圖形如下：

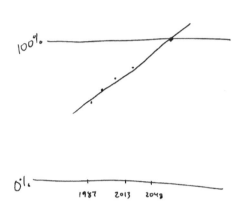

請看，在 2048 年時直線跨過了 100%，那就是王友發說，如果保持現在的趨勢，到 2048 年，所有美國人都超重的理由。但是，現在的趨勢不會持續。絕不可能！否則到 2060 年，美國人中會有 109% 超重。其實，百分比增加的曲線會逐漸朝 100% 彎曲，看起來像這樣：

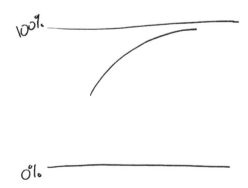

　　這不是鐵律，不像重力必然會把飛彈的路徑彎成拋物線。然而你在醫藥方面，最多也只能做到這種程度。超重的比率愈高，剩下的瘦皮猴中，能發胖的愈少，所以超重比率朝 100% 增加的速度愈慢。其實曲線有可能在 100% 之下某點，朝水平方向發展，因為我們之中總有些不變胖的瘦子！果然，NHANES 在四年之後發表的調查資料顯示，超重的向上成長趨勢已經開始減緩。

　　《肥胖》的那篇論文掩飾了一項對數學或常識的嚴重犯罪。線性迴歸很容易做，而且一旦做了，要再做就更容易。所以王友發跟他的合作者把數據按照種族與性別分開，譬如與一般美國人相比，黑人男性較不容易超重，而且更重要的是，黑人男性超重比率增長的速率，比美國人的平均慢了一半。如果我們把超重的黑人男性比率與全體美國人超重的比率疊置在一張圖裡，並且把王友發做的線性迴歸也畫出來，會得到一張像下面的圖：

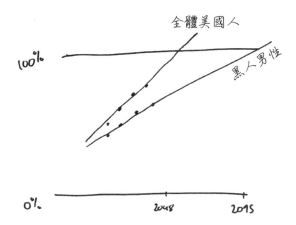

黑人男性，你們真行！你們要到 2095 年才會全部超重，在 2048 年，你們只有 80% 的人超重。

看出問題了沒有？假如全體美國人在 2048 年都應該變得超重，那 20% 沒有超重問題的黑人男性到哪裡去了？移民海外了嗎？

那篇論文沒有意識到潛藏的基本矛盾，這種知識水準就如同答出桶中剩 − 4 公克水一樣，零分。

第4章

相當於死了多少美國人？

中東的衝突有多糟糕？喬治城大學的反恐專家拜文（Daniel Byman）在《外交事務》期刊裡公布了一些冰冷難看的數字：「根據以色列軍方報導，自從 2000 年第二次起義（intifada）到 2005 年 10 月底，巴勒斯坦殺了 1,074 個以色列人，傷了 7,520 個以色列人。對於以色列這樣的小國家而言，這是驚人的數字。如果是在美國，相當於超過 50,000 人陣亡、300,000 人受傷。」

在討論中東狀況時，這種比擬已是經常採取的方式。2001 年 12 月美國眾議院宣稱，在一系列攻擊之後，以色列死亡 26 人，「按照比例來算，相當於有 1,200 個美國人死亡。」2006 年，當時的眾議院院長金瑞契（Newt Gingrich）曾說：「記住，因為人口數的差異，以色列每死 8 人，就幾乎相當於美國損失 500 人。」記者摩爾（Ahmed Moor）不願被比下去，在《洛杉磯時報》上寫道：「在『鑄鉛行動』（Operation Cast Lead）中，以色列於加薩殺死 1,400 個巴勒斯坦人，也就是相當於 300,000 個美國人，即將

上任的歐巴馬總統連吭都沒有吭一聲。」

　　比例的修辭法並不只在聖地使用，1988 年加拿大學者卡普蘭（Gerald Caplan）在《多倫多星報》上寫道：「在過去八年的內戰中，約有 45,000 個尼加拉瓜人傷亡與遭綁架，這相當於 300,000 個加拿大人或 3 百萬個美國人遭殃。」越戰時期的國防部長麥克納馬拉（Robert McNamara）在 1997 年曾說，將近 4 百萬越南人陣亡，「相當於 2 千 7 百萬個美國人陣亡」。每當某個小國發生不幸事件，報社主編就拿出計算尺來估算：相當於死了多少美國人？

　　現在告訴你這些數字是怎麼產生的。2000 年到 2005 年之間，以色列的人口約 6 百萬到 7 百萬人，遭恐怖份子殺害的 1,074 位以色列人，約占總人口的 0.015%。於是博學的評論員推敲，要造成差不多相等的影響力，在總人口較多的美國人中，同樣比例大約等於 50,000 人。

　　這是把線性主義推到極致。根據成正比例的論證，你可以從下圖找出全世界任何地方相當於 1,074 名以色列人的人數。

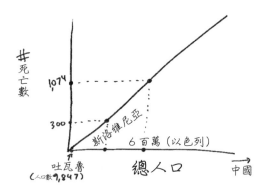

　　1,074 位以色列人相當於 7,700 位西班牙人，或 223,000 位中國人，但是只相當於 300 位斯洛文尼亞人、一或兩位吐瓦魯人。

　　這種推論法最終（或者立刻？）要垮臺。假如酒吧要關門時剩下兩個人，其中一個把另外一個揍昏，並不相當於一億五千萬個美國人同時挨揍。

　　再舉一個例子：1994 年盧安達的人口有 11% 遭消滅，大家都同意那是本世紀最大惡行之一。但我們不會把那場流血描繪成：「如果是在 1940 年代的歐洲，會比猶太人受到的大屠殺糟九倍。」那樣講會讓人渾身不舒服。

慎取比例

　　實施數學保健法的重要規則是：如果你要現場檢驗某種數學方法，試著用幾種不同途徑去計算同樣的東西。如果得到幾個相異的答案，你的方法就有點問題了。

　　例如：2004 年西班牙馬德里的阿托查車站爆炸案炸死近 200 人，這相當於在紐約中央車站炸死多少人？

　　美國人口約為西班牙的七倍，如果你把 200 人當成西班牙人口的 0.0004%，那麼在美國就相當於炸死 1,300 人。紐約人口是馬德里的二點五倍，而 200 人是馬德里人口的 0.006%，所以相當於紐約會有 463 人犧牲。或者我們應該拿馬德里省與紐約州來相比？那就會得出約 600 人的結果。如此多重答案的現象應該是在向你搖紅旗：這種比例法有點不太對勁吧？

　　當然我們也不能把比例完全拋棄。比例是重要的！假如你想知道美國哪裡有最嚴重的腦癌問題，光看哪些州死於腦癌的人數

最多並不合適，排名在前的加州、德州、紐約州、佛羅里達州有最多人死於腦癌，是因為他們的人口數也居前茅。

　　心理語言學家平克（Steven Pinker）在他最近的暢銷書《人性中的善良天使》（*The Better Angels of Our Nature*）裡，也提出類似觀點。他在書裡主張，隨人類歷史的進程，世界上的暴力逐漸減少。二十世紀因為有大量人民在強權政治鬥爭中遭殃，所以名聲狼藉，但是依照比例來看，蘇維埃、中國共產黨、殖民地軍閥，實際上殺人效率並不見得高。

　　平克的論點是，現代人口數遠比從前龐大，所以數據看起來很可怕。我們目前不會為例如三十年戰爭這種古代的流血事件悲慟，然而那場戰爭發生在人口較少的世界裡，而根據平克的估計，幾乎把地球上的人殺掉百分之一。如果今日消滅同樣比例的人口，就差不多有七千萬人，比兩次世界大戰死亡的總人數還多。

　　所以最好是研究清楚比率，也就是死亡占總人口數的比例。例如：不計算每州的腦癌死亡人數，而計算每年每州因腦癌死亡的人口占全州人口數的比例。那就會使排名順序大有變化。南達科塔州不幸得到第一名，該州每年每十萬人中有 5.7 人因腦癌逝世，遠超過全美國的比例 3.4 人。在南達科塔州之後，依次為內布拉斯加州、阿拉斯加州、德拉瓦州、緬因州。看起來你若不想得腦癌，似乎最好別住在這些州。那麼，你該搬到哪裡去呢？你看向排名表的底端，你會找到懷俄明州、佛蒙特州、北達科塔州、夏威夷州以及哥倫比亞特區。

　　現在看來有點奇怪，為什麼南達科塔州是腦癌重災區，而北

達科塔州卻幾乎沒有腦癌？為什麼你在佛蒙特州會安全，可是在比鄰的緬因州就完蛋？

答案：南達科塔州並不必然造成腦癌，北達科塔州也不必然能避免。排在前五名的州有共通的地方，排在後五名的州也有共通的地方，並且它們的共通點都一樣，就是幾乎沒什麼人住在那裡。列出名號的九個地區，最大的州是內布拉斯加州，目前它跟西維吉尼亞州在人口數上，競爭取得全美第 37 名的寶座。住在人口稀少的地區，會讓你更有可能或更沒可能得到腦癌。

但這樣好像沒什麼道理，我們最好尋求別的解釋法。

用丟錢幣來解釋

想要知道這到底是怎麼回事，我們先來玩一局假想遊戲。遊戲的名稱叫「誰是丟錢幣高手」，玩法很簡單，大家來丟一堆錢幣，丟出最多正面的就贏。為了使遊戲更有趣，不給每個人同樣數目的錢幣，而是譬如說給「小小隊」裡每人十枚錢幣，而給「大大隊」裡每人一百枚錢幣。

假如我們記錄正面出現的數目，那麼有件事幾乎是必然的，就是在遊戲中獲勝的人會出自「大大隊」。「大大隊」的代表隊員會得到 50 枚左右的正面，「小小隊」的隊員都別想跟他較量。即使「小小隊」有一百位隊員，他們之中得分最高的也多是 8 或 9 枚正面。*

---

* 我不想在這裡寫出計算過程，但是如果你想驗算我的結果，關鍵詞是「二項式定理」。

　　看起來好像有點不公平！「大大隊」先天上就占有很大的優勢。那麼讓我們用更好的辦法，就是不去記錄正面出現的淨值，而是記錄正面出現的比例。如此兩隊的立足點就應該會平等了。

　　然而並非如此。前面我說如果有一百位「小小隊」隊員，至少有一位很可能得到 8 枚正面，所以那人的紀錄是 80%。那麼，「大大隊」的隊員呢？他們之中不會有人達到 80%。雖然理論上有此可能，但是不會真正發生。事實上，你需要「大大隊」擁有大約二十億的隊員，才有點機會看到錢幣出現那麼一面倒的結果。這應該跟你的機率直覺相符合。你一次丟愈多的錢幣，正、反面的比率會愈接近 50 比 50。

　　你自己可以來試試！我試過，下面是發生的狀況。每次丟 10 枚錢幣來模擬「小小隊」隊員，我得到如下一系列正面出現的數目：

4, 4, 5, 6, 5, 3, 3, 4, 5, 5, 9, 3, 5, 7, 4, 5, 7, 7, 9,……

用一百枚錢幣模仿「大大隊」隊員，我得到：

46, 54, 48, 45, 45, 52, 49, 47, 58, 40, 57, 46, 46, 51, 52, 51, 50, 60, 43, 45,……

如果用一千枚錢幣，得到：

486, 501, 489, 472, 537, 474, 508, 510, 478, 508, 493, 511, 489,

510, 530, 490, 503, 462, 500, 494,……

　　好吧，說實話。我並沒有自己去丟一千枚錢幣，我是請電腦來模擬丟錢幣。誰會有閒暇去丟一千枚錢幣呢？

　　但真的有一個人幹過這種事，他是南非的數學家克利希（J. E. Kerrich）。他在 1939 年經歷了一場倒楣的歐洲之旅，他的海外課程開始不久，他就意外的被拘禁在丹麥營區。沒有統計頭腦的囚徒會在牆上塗鴉打發時間。克利希卻把時間用來丟錢幣，他總共丟了一萬次，並且記錄正面出現的次數，結果如下：

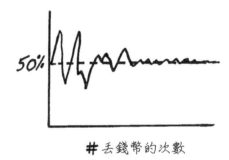

丟錢幣的次數

　　你可以看出來，丟錢幣的次數愈多時，正面出現的百分比穩定趨向 50%，就好像有無形的鉗子把它夾住。模擬丟錢幣的情況也類似，在「小小隊」頭一回合裡，正面的百分比在 30% 與 90% 之間。丟一百次之後，範圍就縮減到 40% 與 60% 之間。丟一千次之後，範圍只有在 46.2% 與 53.7% 之間了。把那些比值往 50% 擠壓的冰涼有力手掌，就是「大數法則」。

　　我不想精確敘述該定理（雖然它帥呆了！），但是你可以把

它想像成說下面的事：你丟的錢幣愈多，就愈來愈不可能達到80% 是正面。事實上，如果你丟足夠多枚錢幣，也只有一丁點的機會達到 51% 是正面！在 10 次丟擲中，會出現不平衡的結果並不令人驚異。但是丟擲一百次還會得到同樣不平衡的比例，就會讓人懷疑有沒有人在錢幣上動了手腳。

實驗反覆進行後，結果會趨於固定的平均值，是我們很早以前就認識到的事。事實上，幾乎是跟用數學研究「機會」同時開始。十六世紀的數學家卡丹諾（Girolamo Cardano）就曾經非正式提出此項原理，但直到 1800 年代早期，卜瓦松（Siméon Denis Poisson）才賦予它簡練的名稱：「大數法則」（*la loi des grands nombres*）。

大數法則

十八世紀初期，雅各・白努利（Jakob Bernoulli）已經精確敘述了大數法則，並且給予數學的證明。大數法則不再只是觀察結果，而成為定理。

定理會告訴你「大大隊」與「小小隊」之爭並不公平。大數法則總會把「大大隊」隊員的分數擠向 50%，然而「小小隊」的分數變化幅度比較大。即使「小小隊」每回合都贏，也不能說他們丟錢幣的技術比較「高明」。如果把「小小隊」所有隊員得到正面的數目平均，而不是只取最高分的來看，結果很可能差不多就是 50%，跟「大大隊」無分軒輊。如果我們不看正面最多，而看正面最少的人，「小小隊」驟然變得很差：隊員中很可能有人只丟出來 20% 的正面，而「大大隊」裡沒有人會丟出那麼糟的結

果。如果光記錄正面的總數，「大大隊」擁有不可超越的優勢，但是要算百分比的話，遊戲仍然相當偏袒「小小隊」。

錢幣的數目在統計裡稱為樣本數，錢幣數愈少，正面出現的百分比，變異愈大。

在民調上，如果調查的選民太少，同樣的效應會使結果較不可靠。腦癌的情形也相仿，當「機會」的風吹打過來時，小州樣本少，會像蘆葦般搖擺；而大州樣本大，如同老橡樹不會低頭。計算腦癌死亡人數淨值會向大州偏差，但是計算最高比率或最低比率，就會把小州排到前面。這就是南達科塔州的腦癌死亡率獨占鰲頭，而北達科塔州吊車尾的理由，絕不是因為南達科塔州有「總統雕像山」或「華爾大藥房」就會更傷害大腦，道理只在於小樣本從本質上就會有大變化。

其實這是你早知道的數學事實，雖然有可能你不知道你早就知道。誰是 NBA 裡最準的投籃手？在 2011 – 12 年球季的第一個月，最高投籃命中率有五位球員平手，他們是強森（A. Johnson）、利金斯（D. Liggins）、里德（R. Reid）、塔比特（H. Thabeet）、圖里亞夫（R. Turiaf）。

都是些誰啊？

值得注意的是，他們並非 NBA 裡最佳的球員。其中有人很少有機會上場，例如強森只替波特蘭拓荒者隊打過一場球，也只投了一球，可是他進籃了。這五位總共投了 13 次籃，全都命中。小樣本大變異，所以 NBA 裡領頭的射手，經常是只投幾球，但每次運氣都很好的一些傢伙。你不會宣稱強森比排名最前的全時球員紐約尼克隊的錢德勒（Tyson Chandler）更準，錢德

勒在同一段時間內，投籃 202 次，命中 141 次 *。（你若對這點有任何懷疑，可以看看強森在 2010－11 全季的命中率只是平平的 45%，就會釋懷了。）這也解釋了 NBA 的個人成績排名榜裡，為什麼不會出現像強森這種球員。NBA 要求球員必須上場達到一定程度，才能列入排名榜，否則一些不知名的小咖，會因為他們的樣本小而高居排名榜的前茅。

然而不是所有的排名系統都有足夠的量化頭腦，能正確因應大數法則。當今正是流行評量教育成果的時代，北卡州像別的州一樣，對在標準化測驗裡表現優異的學校給予獎勵。學校排名是按照前後兩個春季學期間，學生測驗成績的平均改善程度。該州排名在前 25% 的學校，允許在體育館裡懸掛一幅錦標旗，並且在周邊的城鎮大肆宣揚。

小學校比較好？

誰贏了這些競賽？ 1999 年以「綜合表現分數」91.5 得到第一名的是北威克斯伯洛的萊特小學。那所小學只有 418 位學生，而全州平均每所小學的學生數是 500 位。些微落後的是得 90.9 分的金武德小學，它有 315 位學生。再來，河邊小學得了 90.4 分，它是阿巴拉契亞山脈裡的紐蘭鎮上、只有 161 位學生的迷你小學。

事實上，一般而言是小學校占滿了北卡州的榜單。由肯恩

---

* 影響投籃命中率的因素，除了投籃技巧外，也看怎麼判斷何時出手。經常帶球上籃或灌籃的高大球員，先天上就有優勢。不過這與我們現在要強調的重點，完全不是同一類事。

（Thomas Kane）與史泰格（Douglas Staiger）做的研究顯示，在七年之間，該州 28% 的小學校曾經登上前 25% 的榜單。如果看所有的學校，則只有 7% 能在體育館裡掛錦標旗。

表面上看起來，小學校裡的老師比較能夠瞭解學生，這些家庭也比較有時間對孩子做個別指導，因而可以有效提升測驗成績。

不過我或許應該提一下，肯恩與史泰格的論文題目是〈使用不精確評量學校成效度量的優缺點〉。其實平均來看，小型學校並未在測驗上表露出得分顯著較高的趨勢。那些因為得分較低而要州政府派遣「輔導團」入駐的學校，多半也是小型學校。

換句話說，就我們所知，河邊小學不是北卡州的頂級小學，正如強森不是聯盟裡最準的射手。排名表前 25% 充滿了小型學校，並不是因為規模小的學校就好，而是因為規模小的學校裡，成績變化大。只要有幾個天賦好或有學習困難的兒童，就會使學校的平均分數發生巨大擺盪。在規模大的學校裡，極端的分數只會溶解在整體的大平均裡，不太會在最終成績裡凸顯出它的影響。

假如簡單的取平均數不管用，那麼我們怎麼能知道哪所學校最好、哪一州最容易得到癌症？你已經知道小規模的小組比較容易出現在排名表的兩端，假如你是經理，要管理一大堆小組，該如何精準評估他們的成效？

關於這點，不幸的是，並不存在簡單的答案。如果在南達科塔州湧來一批腦癌病例，你可以假設只是運氣不佳，你仍然可以估計未來腦癌得病率會接近全國的數字。要想達成這種估計，你

需要把南達科塔州以及全國的數字適當的加權再平均。但是如何把兩個數目加權呢？那是一種藝術，會涉及一些技術性的苦工，此處我就饒了你吧！

還有一項相關的事實，是現代機率論先驅棣美弗（Abraham de Moivre）最先觀察到的。棣美弗在 1756 年出版的《機會論》（*The Doctrine of Chances*）是關鍵著作。（即使在那個時代，普及數學新知也是相當興盛的工作。霍伊爾〔Edmond Hoyle〕曾寫過一本書，書名是《幫助只懂俚俗數學的人學習機會論，並附加若干有關年金的有用數表》，用來幫助賭徒熟悉新理論。霍伊爾在紙牌遊戲上極具權威，至今「根據霍伊爾規則」這句話仍然在使用。）

棣美弗不滿意大數法則只說，長時間丟錢幣，正面出現的比率愈來愈接近 50%，他想知道到底有多接近。要想理解他所發現的事實，我們得回過頭重新看看怎麼記錄丟錢幣的結果。現在改變記錄正面總數的方法，我們要記錄實際丟出來的正面數目與期望的 50% 正面數的相差值。換句話說，我們想要度量我們偏離理想的正反面分配有多遠。

以 10 枚錢幣為例，你得到：

1, 1, 0, 1, 0, 1, 2, 2, 1, 0, 0, 4, 2, 0, 2, 1, 0, 2, 2, 4……

100 枚錢幣得到：

4, 4, 2, 5, 2, 1, 3, 8, 10, 7, 4, 4, 1, 2, 1, 0, 10, 7, 5……

1000 枚錢幣得到：

14, 1, 11, 28, 37, 26, 8, 10, 22, 8, 7, 11, 11, 10, 30, 10, 3, 38, 0, 6……

　　丟錢幣的次數逐漸增加後，你能看出與五五分相差的絕對值愈來愈大，可是在大數法則管控下，與丟擲總數的比值則愈來愈小。棣美弗的洞識在於典型的偏差值 *，是你丟的錢幣數目的平方根所控制。如果丟的錢幣數為原來的 100 倍，則典型偏差的絕對值會變成 10 倍。做為總丟擲數的比率來看，當錢幣數目增加時，偏差值會收縮，那是因為錢幣數目的平方根增長得比錢幣數目慢。丟一千枚錢幣有時會與均分偏差 38 個正面，但是在總丟擲數裡也只占 3.8% 而已。

　　棣美弗的觀察在計算政治民調誤差時也會發生作用。假如你想使誤差降低一半，你需要調查的人數應該為原來的四倍。

　　如果你想知道正面出現的數目有多驚人，你可以問偏離五五分幾個平方根。100 的平方根是 10，所以當我丟一百次得到 60 次正面，那正好偏離五五分一個平方根。1000 的平方根大約是 31，所以當我丟 1000 次得到 538（偏離兩個平方根）次正面時，我應該更感意外，雖然在一百次中有 60% 的正面，而現在縮減到 53.8% 的正面。

---

* 專家會注意到我刻意避免「標準差」這個名詞，想更深入瞭解的讀者不妨去查閱此一名詞。

警帽曲線論述

　　棣美弗還沒有完呢。他發現長時間之後，偏離五五分的程度會趨向形成鐘形曲線，也就是行話所謂的常態分布。（統計學的先鋒埃奇沃斯〔Ysidro Edgeworth〕建議把這個曲線稱為警帽，我很感遺憾這個名字沒有受到廣泛採納。）

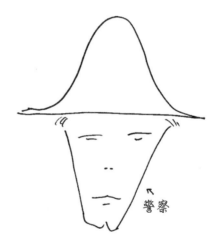

警察

　　鐘形（警帽）曲線在中間高，到邊緣就很平，意思是說偏差值離零愈遠愈難遭遇到。此現象可以精確量化。如果你丟 N 枚錢幣，會有 95.45% 的機會，得到正面的數目與 50% 正面數目的偏差不超過 N 的平方根。1,000 的平方根是 31，前面「大大隊」丟一千枚錢幣 20 次時，有 18 次與 500 相差在 31 之內，也就是占了 90%。假如我繼續丟下去，得到正面數在 469 與 531 之間的百分比，就會愈來愈接近 95.45%。*

　　好像有什麼力量使它非如此不可！棣美弗自己很可能就有這樣的感覺。我們能從不少記載中得知，他認為是上帝的手使反覆丟擲錢幣或其他涉及機會的實驗，最終出現規律性。因此像錢幣、骰子、人生裡出現的短期不規則現象，可以轉化為可預測長期行為，由不變的原理及可計算的公式所掌控。

　　但是這樣想是有風險的。假如你以為有一隻超越一切的手，不管是上帝、幸運女神還是吉祥天女的手，把錢幣正面出現的次數推往 50%，那你就會開始相信所謂的「平均數原理」：如果一連串出現五個正面，那麼下一次幾乎肯定要出現反面了。一旦已經生了三個兒子，下一個應該就是女兒。棣美弗不是告訴我們，連生四個兒子這種極特殊的狀況，應該很不容易出現嗎？他確實這麼說了，情況也正如他所說的那樣。但是，如果你已經有了三個兒子，生出第四個兒子也不是那麼稀奇。事實上，你得到第四個兒子的機會跟要生頭胎的父母一樣。

　　表面看起來，這樣好像會與大數法則發生衝突，法則好似應該促成你家裡有接近一半是兒子、一半是女兒†。不過衝突是假象，用丟錢幣比較容易說明。假設我開始丟錢幣，結果連續得到 10 次正面。接下去會發生什麼事呢？其實有一件事你也許會先警覺到，是不是錢幣被動了手腳？我們會在「Part II：這樣推論可以嗎？」回到這個話題，目前就假設錢幣是公正的。大數法則要求隨我丟錢幣的次數愈來愈多，正面出現的比率愈趨近 50%。

---

* 精確的說，會稍微小一點點，大約是 95.37%，那是因為 31 並不剛好等於 1,000 的平方根，而是略微小一些。

† 事實上，接近 51.5% 是兒子，48.5% 是女兒，但我們就不再仔細計較了。

在這個當兒，常識建議反面應該會更容易出現，以便矯正目前的不平衡。

但是常識更會說，錢幣不可能記得住我前面十次丟的結果。

我不要讓你繼續有懸念了，其實第二種常識的說法才是正確的。所謂「平均數原理」其實不是恰當的名稱。原理應該總是對的，然而它雖然號稱原理，卻是錯的。錢幣沒有記憶，所以你丟的下一枚錢幣，仍然跟平常一樣，只有一半的機會出現正面。整體的比率逐漸趨近 50% 的理由，並不是命運讓反面多出現一些，以補償前面已經多次出現的正面。而是隨丟錢幣的次數愈來愈多，開頭十次的正面就愈來愈顯得微不足道。假如我再多丟一千次，得到約 50% 的正面，那麼在頭 1,010 次丟擲中，正面出現的機會仍然接近 50%。那才是大數法則發生作用的道理所在：不是用來平衡已經發生的狀況，而是把已經發生的狀況用新數據稀釋，直到過去記錄的比率無足輕重，終於可以完全加以忘卻為止。

用倖存者來推敲

適用於丟錢幣與考試分數的道理，同樣能運用於屠殺與種族滅絕。如果你用消滅的人口比率來計算血腥程度，最殘酷的暴行容易集中在小國。懷特（Matthew White）在他那本令人毛骨悚然的《恐怖事件大全》（*Great Big Book of Horrible Things*）裡，把二十世紀的血腥事件加以排行，結果前三名是：德國殖民者屠殺納米比亞的赫雷羅人、波布屠殺柬埔寨人民、利奧波德王在剛果的戰爭。希特勒、史達林、毛澤東消滅的大量人口，反而沒有列入。

　　這種向人口較少國家偏差的現象會產生問題。當我們讀到以色列、巴勒斯坦、尼加拉瓜或西班牙發生的死亡數時，要去哪裡找數學背書的規則來告訴我們，這到底有多悽慘？

　　有一條經驗法則我覺得還有些道理：假如災難的幅度大到適合談論「倖存者」，則計算死亡數與總人口數的比率就有道理。當你談及盧安達種族滅絕下的一位倖存者，你可能涉及任何一位居住在盧安達的圖西人，因此有道理說種族滅絕消除了 75% 的圖西人口。你也可以說一項令 75% 瑞士人喪命的災難，是「瑞士版」的圖西人事件。

　　然而在紐約世貿摩天大樓遭遇恐怖攻擊後，如果你稱西雅圖的某位居民為「倖存者」是相當荒謬的。所以計算世貿大樓遭難者占美國總人口的比率，不是太有用的事。當天在世貿大樓大約死了十萬分之一，也就是 0.001% 的美國人。這個數目太接近零，你的直觀很難掌握，你對那樣的百分比不會有什麼感覺的。如果瑞士發生意外，死亡人數占人口總數的 0.001%，才只有八十人。要把那場意外比擬做瑞士版的世貿恐怖攻擊就不很恰當了。

　　倘若不能用絕對數目，也不能用比率，到底該如何把暴行排序呢？盧安達的種族滅絕比 911 更糟，911 比科羅拉多州科倫拜高中槍殺事件更糟，槍殺學生比酒駕車禍死掉一人更糟。其他事件相隔巨大的時間與空間，其實很難互相比較。三十年戰爭真的比第一次世界大戰更加傷亡慘烈嗎？急速而恐怖的盧安達種族滅絕，與時間拖得長又殘忍的兩伊戰爭，如何兩相較量呢？

　　大多數的數學家最後會說，災難與歷史上的暴行形成我們所謂的偏序集合。用比較直白的說法，就是有些災難可以相互比

較，有些災難不能相互比較。這並不是因為我們沒有足夠精確的死亡人數，也不是因為我們對於遭炸彈炸死，還是死於戰爭引起的饑荒，沒有好壞的定見。基本上一場戰爭是否比另外一場戰爭更糟糕，不是一個數是否比另一個數更大的同性質問題。後者總會有答案，而前者未必。如果你準備想像恐怖攻擊殺死 26 個人的意義，不要想像那是在世界另一邊發生的，而是想像這個事件就在你自己生活的都市發生。那麼，你不需要計算機，就可得到數學上與道德上都無懈可擊的結論。

第5章

派餅比盤子還大

　　就算在一些簡單且看起來不太混淆的情況裡，比率也可能會造成誤導。

　　最近經濟學家史賓斯（Michael Spence）與赫施瓦約（Sandile Hlatshwayo）發表了一篇論文，描繪出美國就業成長出人意表的狀況。傳統上大家喜歡把美國想像成工業巨無霸，她的工廠日以繼夜生產出全世界需要的貨物。然而目前的真實狀況卻迥然不同。在 1990 年到 2008 年間，美國淨增加了 2,730 萬個工作，其中 2,670 萬（也就是 98%）來自「非貿易部門」：這部分的經濟活動涵蓋政府、健保、零售、餐飲服務等，都是不能外包也不會產生外銷商品的部門。

　　這個數字披露了美國工業史上特殊的一頁，從《經濟學人》雜誌到前總統柯林頓的新書，都一再重複此數字。但是你必須小心理解它的意義。98% 非常接近 100% 了。那份研究報告難道在說，就業成長幾乎完全集中到非貿易部門了嗎？表面上看起來好

像正是如此，但是實質上並不正確。在 1990 年到 2008 年間，貿易部門的工作確實僅增加了 62 萬個。然而這個部門的數字可以更難看，它可以是不增反減的。在 2000 年到 2008 年間確實是如此，貿易部門消失了約 300 萬個工作，同時期非貿易部門增加了 700 萬個工作。於是在總增加工作數的 400 萬裡，非貿易部門就占了 700 萬，也就是 175％！

小心負數

要記住下面的口訣：

數字會變負時，免談百分比。

看起來好像有點小心過頭了。負數也是數，它們可以相乘或相除，與別種數並沒有不同。其實這件事也不是從來都是顯然的。對於我們的數學先祖而言，負數能不能當做數都不太清楚，它們畢竟不能跟正數同樣代表數量。我手上可以有七顆蘋果，卻無法有負七顆蘋果。十六世紀的偉大代數學家，像卡丹諾與維埃塔（François Viète）等人，都熱烈辯論過負數乘負數該不該等於正數。他們雖然理解如此規定應可避免矛盾，但又分裂成兩個陣營，一方認為這是已經得證的事實，另一方則認為這是為了方便的權宜記號。當卡丹諾研究的方程出現負數解時，他習慣把那個擾人的解叫做 *ficta*，就是「假貨」。

文藝復興時期義大利數學家的論辯，今日看起來跟他們的神學一樣晦澀與無聊。不過他們不是全然無的放矢，負數的結合與運算，以及取百分比等算術運算，確實會讓我們的直覺短路。當我們違背我剛才給的口訣時，各種奇怪的不協調就會到處冒泡。

　　例如，我開了一家咖啡店，不過賣的咖啡並不太受歡迎。上個月單單賣咖啡的部分就損失了 $500。還好，我有先見之明，還加賣糕點與 CD 這兩類商品，每類都讓我賺到 $750。

　　這個月我總共賺了 $1000，其中 75% 來自賣糕點，看起來要能讓我的生意有起色，就得靠賣糕點了。只不過運用同樣的推理，我可以說 75% 的利潤都來自賣 CD。試設想一下，如果我在賣咖啡上再損失 $1000，那我的淨利潤就會是零，賣糕點的獲利豈不占無窮百分比了 *？「百分之七十五」聽起來好像意思是說「幾近全體」，但是當你處理像利潤這種可正可負的數字時，意義會相當不同。

　　如果你處理的數目都限制在正數，像是開銷、收入、人口數等，這種問題就不會發生。如果 75% 的美國人認為，保羅・麥卡尼是披頭四裡最可愛的，就不可能另外有 75% 的美國人的首選是林哥・史達。史達、喬治 † 與約翰必須瓜分剩下的 25% 美國人。

　　你可以在就業資料裡看到同樣的現象。史賓斯與赫施瓦約沒有指出的是，金融與保險業創造了大約 60 萬個工作，幾乎是貿易部門整體所創造的工作職位的 100%。他們所以沒有那樣說，是因為他們不想誤導你，以為同時期其他部門都沒有成長。也許你還記得美國經濟從 1990 年迄今，至少有一個部門大量增加了工作機會。那個部門歸類為「電腦系統設計與相關服務」，職位成長了三倍，數量超過百萬。金融與電腦方面增加的工作數，遠

---

* 安全警示：除非有執照的數學家在場，決不要把零當除數。
† 其實喬治才是最可愛的披頭四。

超過貿易部門整體所增加的 62 萬個工作機會。只不過在製造業所產生的龐大減損，把整體的數字拉了下來。假如你不小心，正數與負數的組合能幫你編造謊話，使得貿易部門的新增工作完全來自金融業。

誤用百分比

其實史賓斯與赫施瓦約所寫的也不是全無道理。把上百種行業放在一起看，整體的工作增加數可以是負數。但是在正常的經濟狀況下，經過合理的一段長時間，此數極可能為正數。反正人口數總是不斷成長，只要沒有巨大災難發生，會把工作職位淨值一起拉抬上來。

但是其他馬虎使用百分比的人就沒這麼謹慎了。2011 年 6 月威斯康辛州的共和黨發布了一條新聞，吹噓州長沃克（Scott Walker）創造就業機會的紀錄。那個月美國整體經濟依然疲軟，全國只增加了一萬八千個工作。但是該州的就業數目看起來好很多，淨增加了九千五百個工作。新聞裡說：「今天我們知道 6 月全美增加的工作裡，超過 50% 來自我們州。」共和黨的政客把這個說法當賣點去傳播，像眾議員單勃納（Jim Sensenbrenner）對密爾瓦基市郊一群居民說：「從上星期公布的就業數字報告來看，全國才稀鬆成長了一萬八千個工作，但是其中一半都來自我們威斯康辛州。我們在此地所採取的措施，一定是奏效了。」

當你報導數字的百分比，像是工作數的增加淨值等可正可負的數字時，上面的例子就是很具代表性的渾水摸魚。威斯康辛州的工作機會增加九千五百個是不錯，但是鄰居明尼蘇達州同月增

加了一萬三千個，而且州長還是民主黨的代頓（Mark Dayton）。其實德州、加州、麻州、密西根州都比威斯康辛州增加得多。不錯，那個月對威斯康辛州而言是好月，但是沒像共和黨說的那麼好，好到跟全國其他州合起來增加的工作數相當。事實上，有些州損失的工作機會，幾乎平衡掉威斯康辛州、麻州、德州這些地方創造的新就業機會，也就導致威斯康辛州州長說他們創造了全國一半的新就業機會。明尼蘇達州的州長如果願意的話，甚至可說他們創造了 70% 的新就業機會。從計算百分比數字來說，兩位州長都沒錯，可是從意義上來看，根本在誤導。

金融家拉特納（S. Rattner）最近在《紐約時報》有一篇社論，使用經濟學家皮凱提（T. Piketty）與賽斯（E. Saez）的著作，來論證目前經濟復甦的成果並未平均分配給美國人：

新的統計數字顯示，富人與其他人的財產差距，愈來愈驚人的拉開，我們迫切需要處理這個令人頭痛的問題。即使在這個有時看來似乎已習慣收入不平等的國家裡，這種豪奪也令人震驚。

2010 年時，經濟從衰退後持續恢復，全國當年所得與 2009 年相較，增加總額的 93%，也就是 2,880 億美元，跑到納稅最高的 1% 人手裡，那些人的所得都在 35 萬 2 千美元之上。……底下 99% 的人，在調整通貨膨脹因素後，在 2010 年每人才得到微不足道的 80 美元加薪。前 1% 的人平均所得為 1,019,089 美元，他們的收入卻增加了 11.6%。

評論文章還搭配了一些圖解，把所得的增加值再細分：37%

跑到最頂端 0.01% 的超級富人，56% 跑到頂端 1% 的富人，剩下全國人口的 99% 才分享微薄的 7%。你可以畫一個如下的派餅圖：

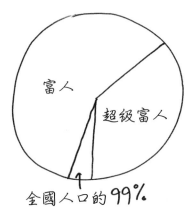

　　現在讓我們把派餅再切一次，這次不是看頂端 1% 的人，而是看頂端 10% 的人情況如何。這批人裡包括家庭醫師、知名度低的律師、工程師、中上層經理人，他們所占的那一塊有多大？

　　你能從皮凱提與賽斯提供的數據得到答案，這些資料都已經上線方便查閱。你會從中發現一些有趣的事。這批人在 2009 年平均所得約為 $159,000，到 2010 年上升到約略超出 $161,000。與頂級富人相比，收入增加得不算厲害，卻也占據了從 2010 年到 2011 年之間總所得增加的 17%。

　　在最富的百分之一的人所占的 93% 派餅裡，你試著再塞入 17% 的一片派餅，那派餅豈不比盤子還大。

　　93% 加上 17% 就超過了 100%，這怎麼可能？不管經濟有沒有復甦，底下 90% 的人，在 2011 年的平均所得其實是低於 2010

年的平均所得。因為混雜了負數，使百分比變得不牢靠。

　　檢視皮凱提與賽斯數據中不同的年份，你可以看到同樣的情形一再出現。在 1992 年，全國所得增加額的 131% 是由頂端 1% 的人獲取！這數字確實令人印象深刻，但也清楚的顯示，百分比的意義偏離了通常使用的意義。你不可能把 131% 放入派餅圖。

　　當另一次不景氣逐漸遭人淡忘之際，從 1982 年到 1983 年時，全美國所得增加額的 91%，跑到頂端的 10% 但非 1% 的人手裡。這是不是說中度富有的專業人士攫取了復甦的成果，把中產階級與巨富都拋在後頭？非也！最富的 1% 那年也有可觀的增長，占據全國所得增加額的 63%。那時就跟現在一樣，實況是底下 90% 的人繼續向下沉淪，而其他人的景況卻轉好。

　　以上的事實並沒有否定最富的美國人比中產階級的美國人更早見到天光，不過確實讓講故事的角度略有不同。並不是只有頂端 1% 的人獲利，而其他人都倒楣。頂端 10% 但非 1% 的人，包括會閱讀《紐約時報》評論的讀者，也搞得不錯。雖然從派餅圖看來，他們好像最多只能爭取到 7%，但其實他們幾乎是加倍得利。真正倒楣的是其他 90% 的人，他們的隧道口仍然一片漆黑。

　　即使所談的數字都是正數，混淆是非的人也有辦法利用百分比來誤導。在 2012 年的 4 月，羅姆尼（Mitt Romney）的總統選情，因婦女票的民調狀況不佳，羅姆尼的陣營就發布了一條聲明：「歐巴馬的執政讓婦女的日子難過。歐巴馬總統的統治下，是有史以來有最多婦女在焦頭爛額找工作的時期。歐巴馬在位期間，損失的工作中有 92.3% 原都是屬於婦女的。」

似是而非的論述

　　這條新聞從某個角度來看是正確的。根據勞工統計局的數字，2009 年 1 月的就業人數是 133,561,000，到 2012 年 3 月則是 132,821,000，淨損失 740,000 個工作。以婦女來計，相對應的數字是 66,122,000 與 65,439,000，所以比起 2009 年 1 月，2012 年 3 月有工作的婦女少了 683,000 人。683,000（女性淨損失的工作數）除以用 740,000（全體淨損失的工作數），你就得到 93%。看起來好似歐巴馬總統到處命令企業界開除女性職員。

　　真相並非如此。那些數字是工作損失的淨值。我們其實不知道在三年期間，創造出多少工作以及損失多少工作；只知道兩數之差是 740,000。工作損失的淨值有時為正數，有時為負數，所以拿它來計算百分比會有風險。

　　假如羅姆尼的競選團隊是從 2009 年 2 月開始統計＊，經濟衰退又嚴酷的多進行了一個月，就業總數跌到 132,837,000。自此到 2012 年 3 月，總體經濟只損失了 16,000 個工作。單以婦女而言，失業數達 484,000（失業總數當然是靠男性就業數增加而提升）。羅姆尼的競選團隊錯過了多麼好的機會，假如他們從歐巴馬執政一個月後的 2 月開始做統計，他們就可以指控在歐巴馬的失業名單裡，3,000% 都是婦女！

　　除了鐵票部隊，其他人對這樣的百分比數字，都會覺得不像

＊ 此處的分析借用了記者凱斯勒（Glenn Kessler）對羅姆尼競選廣告所做的評論，曾經刊登在 2012 年 4 月 10 日的《華盛頓郵報》。

是正確的量度。

從歐巴馬 2012 年 1 月就職到 2012 年 3 月，真正發生在男女勞動大軍的狀況有二。從 2009 年 1 月到 2010 年 2 月，因為經濟衰退以及後續的影響，男女就業人數持續墜落。

2009 年 1 月至 2010 年 2 月：

男性淨損失的工作數：2,971,000

女性淨損失的工作數：1,546,000

經濟衰退回春之後，就業人數逐漸改善：

2010 年 2 月至 2012 年 3 月：

男性淨增加的工作數：2,714,000

女性淨增加的工作數：863,000

在經濟蕭條期間，男性只好忍耐，他們的失業人數幾乎是女性的兩倍。在經濟復甦期，增加的就業數當中只有 75% 屬於男性。當你把兩階段的數字加到一起，男性的數字幾乎剛好正負相抵，使得他們在頭尾兩端的工作數目幾乎相等。但認為歐巴馬執政期只有危害婦女的觀念，會造成很大的誤導。

《華盛頓郵報》認為羅姆尼競選團隊提出的 93.2%，是「既對也錯」，因此受到羅姆尼支持者的嘲弄。但是我認為《華盛頓郵報》這樣定性剛好，確實說出了政治上使用數字時某些深刻的道理。問題的重點不在數字的精確度，你用「損失工作的淨值」

除「婦女損失工作的淨值」，確實會得到 92.3%。

　　只有在一種極為弱化的意義下，這種說法才是「對的」。我們可以把它比擬做，歐巴馬的競選團隊宣稱：「羅姆尼從來沒有否認過這個指控，指稱他多年來操控在哥倫比亞與鹽湖城之間走私毒品的幫派。」

　　這個陳述也是 100% 為真！但是它的目的是造成錯誤的印象。所以「既對也錯」是公允的評價，它是針對錯誤問題的正確答案。這種事情比平淡的計算錯誤還糟糕，讓人以為有關政治的計量分析，只是用計算機就解決的東西。其實當你搞清楚到底要算什麼之後，計算機才能發揮功效。

無用的應用題

　　我把錯歸咎於數學應用題，它們造成人們對於數學與現實之間關係的錯誤印象。「巴比有 300 顆彈珠，把其中 30% 給了珍妮。他又另給了吉米相當於給珍妮的半數，自己還剩下多少顆彈珠？」題目看起來好像涉及真實世界，其實只是算術問題以不太有說服力的方式妝點起來。文字題根本與彈珠無關，還不如乾脆說：在計算機裡按入「$300 - (0.30 \times 300) - (0.30 \times 300) / 2 =$」，再把答案記下來。

　　真實世界的問題並不像應用題。真實的問題會像：「經濟衰退及後續影響，是否對於勞動大軍裡的女性特別糟糕？如果是的話，有多少程度是因為歐巴馬的政策造成的？」你的計算機沒有能直接按出答案的按鍵。為了得到有意義的解答，你必須知道數字之外的東西。在一般經濟衰退期，男女的失業曲線如何？而這

樣的曲線在本次經濟衰退中，是否有顯著差別？哪些工作是不成比例的偏向由婦女占有？歐巴馬的哪些決策影響到哪些部門的經濟？只有當你把這些問題釐清後，你才需要拿出計算機。不過到那時，真正的心智工作已經完成。用一個數除另外一個數僅僅是計算，搞清楚你該用什麼除什麼才是數學。

PART II
這樣推論可以嗎？

第6章

破解聖經密碼迷思

　　人們用數學嘗試解決問題，從日常生活裡的問題（預期下一班公車得等多久？）到事關宇宙的問題（在大霹靂之後的一兆億分之一秒，宇宙是什麼樣子？）。

　　但是超越宇宙的範圍後，還有一類問題是要問萬物的起源與意義，你也許以為這會是數學無法插手的問題。

　　永遠不要低估數學家拓展視野的雄心！你想知道有關上帝的事嗎？就有數學家對此有看法。

　　地上的人能用理性觀察來認識神的世界，這種理念非常古老，根據十二世紀猶太學者麥摩尼得斯（Maimonides）的說法，是跟一神論同樣古老。麥摩尼得斯在他的核心著作《米示拿》（*Mishneh Torah*）裡，講述了亞伯拉罕得到啟示的故事：

　　亞伯拉罕斷奶後，雖然還在嬰兒期，但已經開始會反省。他日以繼夜出神思考：「天球不斷導引世界，卻無人去導引它、讓

它轉動，這怎麼可能？它不可能自己讓自己轉吧？」……他的心
智不斷忙著工作與反省，直到他踏上真理之路，悟解了正確的思
想路線，知道只有唯一的神在導引天球運轉，祂創造了萬物，除
了祂別無其他的神。……他於是以極大的力氣向全世界宣告，並
且教導人們，整個宇宙僅有一位創世主，人們應該崇拜祂。……
當人們湧向他、質問他的主張時，他會因材施教，直到把他們導
入真理之路，於是成千上萬的人都加入了他的行列。

　　這種宗教信仰的說法最對數學家的胃口。你會信仰上帝並不
是因為有天使碰觸過你，也不是有一天你突然打開心扉讓陽光照
射進來，更不是因為父母說了什麼話，而是因為上帝必然如此，
就像「6 乘 8」必須等於「8 乘 6」那樣確定。

　　亞伯拉罕式的論證是說，看看所有的事物，假如它們背後沒
有一位設計者，怎麼可能如此棒得透頂？這種論證的威力已經消
減，至少在一些科學圈內是這樣的。不過我們現在有顯微鏡、望
遠鏡、電腦，我們不必局限在搖籃裡目瞪口呆望明月。我們有資
料，非常大量的資料，也有可以操弄資料的工具。

　　猶太教拉比學者最喜歡的資料就是《妥拉》（*Torah*，意指上
帝的教誨或指示，通常指《舊約聖經》中的《摩西五書》），其實
它無非就是由有限個字母組成的一長串符號，我們從一個猶太會
堂傳抄到另一個猶太會堂，必須忠於原文不得有誤。除了是寫在
羊皮卷上之外，簡直可以說是原始的數位資訊。

　　1990 年代中期，耶路撒冷的希伯來大學有一群研究人員分
析了其中的訊息，發現了一個非常奇特的現象，然而這對某些特

定神學觀點的人來說，也許是一點也不意外的現象。研究人員來自不同的學術領域：芮普斯（Eliyahu Rips）是資深數學教授，也是著名的群論專家；羅森堡（Yoav Rosenberg）是電腦科學系的研究生；魏次騰（Doron Witztum）有物理碩士學位。他們共享某種《妥拉》的研究品味，就是要從《妥拉》表面的故事、譜系、訓誡等的背後，尋求奧祕的文本。他們選用的工具稱為「等距字母序列」（equidistant letter sequence），以下簡稱 ELS。他們從《妥拉》裡按照有規則的間距，抓出字母排成一序列。例如在下面的詞組裡

DON YOUR BRACES ASKEW

你從第一個字母開始，每五個拿出一個

DON YOUR BRA**C**ES AS**K**EW

於是 ELS 就是 DUCK，不管這代表警告還是待確定的水禽名稱，都是從文本裡決定出來的。

「大部分的 ELS 不會拼出有意義的字」，這句話的英文可以寫成：Most ELSs don't spell words，假如在這句英文中，從每三個字母中取出一個，會得到沒意義的 MTSOSLO，而這是 ELS 通常會出現的結果。然而《妥拉》是很長的文件，想找出模式，就一定找得到。

ELS 做為宗教探索的方式，乍看之下其實有些怪異。《舊約

聖經》裡的上帝要顯現自己的時候，真的要玩文字遊戲嗎？在《妥拉》裡，上帝想要你知道祂存在時，你就會從九十歲的女人懷孕、灌木叢起火講話，還有從天上掉下飯菜等等資訊中得知。

其實芮普斯、羅森堡、魏次騰不是最早從《妥拉》裡挖掘 ELS 的人。之前傳統的拉比也提出了零星的例子，但是真正發展此方法的先鋒是魏斯曼德（Michael Dov Weissmandl），他是斯洛伐克的拉比，在第二次大戰期間曾經嘗試從西方募款，用以賄賂德國軍官，讓斯洛伐克的猶太人可獲緩刑，不過功夫幾乎都白費了。

上帝埋藏的祕密

魏斯曼德在《妥拉》裡找到數個有趣的 ELS，最著名的一個是他從某個發音像 m 的希伯來字母 mem 開始，向前每 50 個字母取一個，就得到 *mem shin nun hay* 的字母串，拼出希伯來文的 *Mishneh*，剛好是麥摩尼得斯的《米示拿》的第一個字。然後你向前跳過 613 個字母（為什麼是 613，因為那是《妥拉》裡戒條的總數），接著每 50 個字母取一個字母，你會挑出拼寫出 Torah 的字母。換句話說，麥摩尼得斯的書名早已記錄在《妥拉》的 ELS 裡，在他出生前一千年就已定案。

我前面說過，《妥拉》是很長的文件，有人算過共含 304,805 個字母。因此像魏斯曼德發現的模式到底是怎麼回事，其實很難說清楚。你可以有很多方法把《妥拉》切來剁去，遲早總有一些會拼出字來。

芮普斯、羅森堡、魏次騰都接受過數學與宗教教育，他們

要更有系統的去搜索。他們從近代猶太人歷史裡，選取 32 位著名的拉比。在希伯來文中，數字可以用字母拼寫，於是這些拉比的生辰或死亡日期提供了更多可以比對的字母序列。他們的問題是，在等距字母序列裡，那些拉比的名字跟生歿日有沒有相鄰近？

問得更聳動些，《妥拉》是否可以預知未來？

魏次騰與同事利用聰明的辦法來檢驗這個假設。首先他們搜尋《創世記》裡拼出拉比名字與出生日或死亡日的 ELS，然後計算產生名字與產生日期的序列，在文本裡有多接近。之後，他們把 32 組日子洗牌，使得日子隨機與拉比配對，再計算接近的程度，他們如此操作一百萬次*。假如《妥拉》裡的拉比名字與日期不存在任何關係，你會期望名字與日期的正確配對與隨機配對，結果差不多。但他們發現並非如此，正確的配對在積分表上名列前茅，在一百萬個競爭者中，爬到第 453 名。

他們用其他文本來做同樣的檢測，例如：《戰爭與和平》、《以賽亞書》（《聖經》的一部分，但不被認為是由上帝親授）、以及把《創世記》文字隨意打亂的版本。在所有的情形裡，拉比的生日總是排名居中。

研究者用節制的數學口吻做出結論：「我們認為《創世記》中具有相關意義的 ELS 會彼此接近，並非純粹是碰巧而已。」

雖然用語平淡，但是大家都認為這是出人意表的發現，特別

---

* 在 32 個日子的所有可能排列中，百萬次僅占很微小的一部分，全體總數是 263,130,836,933,693,530,167,218,012,160,000,000。

是作者群都有數學背景，尤其芮普斯更是有名的數學家。這篇論文經過審查後，於 1994 年刊登在《統計科學》期刊，還很不同尋常的附加了主編凱斯（Robert Kass）的序言：

審稿人十分困惑，他們事先相信《創世記》不可能有意義指涉現代人的事，然而作者群執行了額外的分析與檢核後，這現象依舊存在。因此本論文提供了《統計科學》的讀者一項具有挑戰的謎題。

暢銷書說對了嗎？

雖然結論非比尋常，魏次騰的論文並沒有馬上引起公眾注意。但在美國新聞記者卓斯寧（Michael Drosnin）得知這篇論文之後，局面就大為改觀。卓斯寧到處動手尋找 ELS，也不管科學研究的規範，就去算各種各樣的序列叢集，用來預知未來事件。

1997 年他出版了《聖經密碼》一書，封面是褪色的古老《妥拉》經卷，上面圈出來的字母，正好拼出希伯來文的「拉賓」（Yitzak Rabin）與「殺手將暗殺」。卓斯寧宣稱在 1995 年以色列總理拉賓遇刺身亡前一年，就曾經警告過他，而這成為該書有力的宣傳材料。書裡面還列有《妥拉》預言了波灣戰爭，以及 1994 年舒梅克－李維（Shoemaker-Levy）九號彗星撞擊木星。

魏次騰、芮普斯、羅森堡譴責卓斯寧的鬆散方法，但是死亡與預言是賣點，《聖經密碼》成了暢銷書。卓斯寧在歐普拉秀、CNN 報導裡露臉，又會見了巴游領袖阿拉法特、以色列總統裴

瑞斯以及柯林頓的幕僚長波德斯塔（John Podesta），跟他們大談即將來臨的世界末日＊。

許多人開始相信，數學已經證明了《聖經》是上帝的話。擁有科學世界觀的現代人有了一條始料未及的大道，引領他們接受宗教信仰，很多人也就真的走上去了。確實是這樣的，我認識一位原本不信教的猶太新手爸爸，他一直等到《統計科學》正式接受魏次騰的論文，才決定給兒子行割禮。（為了小孩的福祉，我真希望審稿過程沒拖得太久。）

當公眾接受密碼的程度逐漸增加之際，它的理論基礎卻開始受到數學界攻擊。特別是在猶太教正統派的數學家之間，爭論尤其尖刻。我當時是哈佛大學數學系的研究生，系上有對密碼態度包容的卡日丹（David Kazhdan），以及認為宣揚密碼會讓數學正統派看起來像傻瓜的史坦伯格（Shlomo Sternberg）。史坦伯格在《美國數學學會通訊》裡發起了嚴厲的抨擊，他稱魏次騰、芮普斯、羅森堡的論文為「騙局」，而卡日丹以及其他持相同觀點的人「不僅羞辱了自己，更讓數學蒙塵」。

我還記得史坦伯格論文刊登出來的那天，數學系的下午茶時間充滿了尷尬的氣氛。

宗教學者也一直抗拒密碼的誘惑。雖然正統派猶太學校裡的領袖，認為密碼可以用來召回那些不太遵守教義的猶太人，重新堅定宗教信仰。但是其他人則對這種與傳統《妥拉》研究斷裂的方法表示懷疑。我曾經聽一位聲望高的拉比說，在某次傳統普珥

＊ 據說會在 2006 年發生，哇，還好！

節大餐酒酣耳熱之際，他問一位相信密碼的來賓：「請告訴我，假如你在《妥拉》密碼裡找到安息日應該在星期日的說法，那該怎麼辦？」

客人回說不可能藏有這樣的密碼，因為上帝命令安息日在星期六。

老拉比仍然不放手，他說：「就算如此，但是假設有這樣的密碼會怎樣？」

年輕的賓客沉默了一會兒，最終說：「我想我得好好思考一下。」

就在這一刻，拉比宣判密碼將要被摒棄。雖然猶太傳統裡，特別是在一些傾向神祕主義的拉比裡，有用數字分析《妥拉》裡的字母，但是這種程序是用來增進對聖書的理解與讚揚。假如一種方法的操作，至少在原則上會引起對信仰基本律條的懷疑，那它應當就跟豬肉培根起司堡一樣，不見容於猶太人。

數學家為什麼排斥《妥拉》看來暗藏天意的明顯證據呢？想要解釋清楚，我們得引入一個新角色：巴爾的摩股票經紀人。

股票經紀人的絕佳預測

這是一則寓言。有一天你收到來自巴爾的摩一位股票經紀人的廣告信，裡面說某支股票將會大漲。一週過去之後，正如巴爾的摩股票經紀人預測的那樣，那支股票真的起來了。下一週，你收到一封新的廣告信，裡面說某支股票將會下跌，結果真的敗下來。經過十週，每週都寄來預測股價的廣告信，而且每次都預測成真。

　　到了第十一週，你收到一封信請你把金錢交由這位巴爾的摩股票經紀人來投資，當然因為前十週廣告信的精準預測，使得他需要收取的佣金也相當高。

　　聽起來像似滿好的交易，對不對？巴爾的摩股票經紀人一定是有點本事，如果他不是掌握了股票市場特殊訊息，怎麼可能連續正確預測有起有伏的股價呢？事實上，你可以精準算出他的成功率。假設他每次猜對的機會是 50%，那麼他頭兩次都對的機會是一半的一半，也就是四分之一。頭三次都對的機會則是那四分之一的一半，也就是八分之一。如此類推，連續十次都猜中的機會是 *

$$(1/2) \times (1/2) \times (1/2) \times (1/2) \times (1/2) \times (1/2) \times (1/2) \times (1/2) \times (1/2) \times (1/2) = (1/1024)$$

　　換句話說，全靠矇對的機會幾近於零。

　　然而，如果從股票經紀人的角度來看事情，局面就大為改觀。你前面可能沒這麼想過，假如第一週你並不是唯一接到廣告信的人，而是有 10,240 人收到他的信 †。不過信件內容並不完全一樣，其中一半像你收到的信那樣，預測股票會漲，另外一半則做反向的預測。那 5,120 位接到錯誤預測信的人，自此再也不會接

---

* 此處的計算隱藏了一項非常有用的原理，所謂的乘法律。假如 A 發生的機會是 p，B 發生的機會是 q，而且 A 與 B 是獨立的，也就是說 A 發生不發生，一點也不會影響到 B 會發生的機會，則 A 與 B 同時發生的機會就是 p×q。

† 這個故事起源的時代，需要印製、裝訂與寄送上萬的文件。時至今日其實更有可能發生，因為大量電子郵件的寄送幾乎是零成本。

到廣告信了。你跟另外那 5,119 位接到同樣訊息的人，下一週都會接到新的預測。在你們這 5,120 人收到的第二封信裡，有一半預測會漲，有一半說會跌。這週之後，仍有 2,560 人連續接獲兩次正確的預測。

如此類推。十個星期後，無論股市如何變化，都將會剩下十位幸運兒（？）：巴爾的摩股票經紀人提供給他們的訊息，連續正確了十次。股票經紀人也許觀察股市起伏敏銳如鷹眼，也許只是把雞內臟甩在牆上，根據汙跡做預測。無論他是哪種人，總有十位接到廣告信的人，會覺得他料事如神。他估計能從那十個人裡面回收大量佣金。但是對那十個人而言，過去的成績絕對無法保證未來的成果。

養、套、殺的把式

我常聽人家講，巴爾的摩股票經紀人的故事是真的，但我還無法找到它確實發生過的證據。我能找到最接近它的事證，是 2008 年的一個實境秀。實境秀現在成為我們當代尋找寓言的場所了。當時英國魔術師布朗（Derren Brown）耍了一次類似的把戲，他寄出各種馬票賭法給數千位英國人，最終有一位相信布朗確實發明了百發百中的預測系統。（布朗喜歡揭穿、而不是宣揚那些號稱神祕的事蹟，他在節目結束時公開了戲法的道理，對英國教育所做的貢獻，可能遠大於 BBC 成打正經的特別節目。）

假如你把這場遊戲略加改變，讓它看起來更不像騙局，但是保持誤導的潛力，你會發現巴爾的摩股票經紀人依然存活在財務金融業。當一家公司發售共同基金時，他們經常會先在內部持有

一段時間，才向大眾公開，這種做法稱為孵化（incubation）。

　　孵化中基金的生命並不真的如孵化般溫暖安全。公司通常會同時孵化一大堆基金，並且試驗各種投資策略與分配，各個基金在子宮裡推擠競爭，有些回報豐厚，很快就向大眾公開，並且附上它們到目前為止獲利的證明文件。但是發育不健全的那些傢伙就會受到安樂死，大眾甚至不會知道它們曾經存在。

　　那些能從孵化過程中走出的共同基金，也許可能真的是精明投資的結果。銷售共同基金的公司可能也這麼認為。賭博手氣好的時候，誰不認為是自己的聰明與技術造成的呢？但是數據卻顯示出相異的結果：孵化出來的基金一旦到了公眾手裡，就不再保持問世前的表現，而會跟中等基金的獲利狀況差不多。

　　假如你有幸擁有足夠金錢來做投資，這種狀況對你來說有什麼意義呢？它的意義是說，你要忍得住誘惑，不受那些過去十二個月獲利都在 10% 的熱門新基金吸引。最好還是遵循你聽膩的老生常談，「多吃蔬菜、多走樓梯」式的財務健康方案：放棄追尋魔力系統或有金手指的導師，應該把錢放入大而無趣卻收費低廉的指數基金，然後把它拋到腦後。當你把儲蓄都投入那些讓人眼睛發亮的新孵化基金時，你正像把一生積蓄都投資給巴爾的摩股票經紀人的收信人。你受那些令人印象深刻的結果左右，卻不知道經紀人要達到那些結果的機會是多少。

　　這很像我八歲的兒子玩拼字遊戲的情況，他不喜歡從袋子裡抽出的那些字母時，就把它們丟回去重抽，一直重複這麼做，直到拿到喜歡的字母才停止。從他的立場看來，因為他一直閉起眼睛，無從知道抽到什麼字母，所以過程是公平的。但是如果你給

自己足夠的機會，最終總會等到心裡想要的那個字母 Z。這並不是因為你幸運，而是因為你作弊。

巴爾的摩股票經紀人之所以會成功，就像其他好的魔術一樣，不會從一開始就耍弄你。也就是說他不想嘗試告訴你錯誤的事，而是告訴你一些正確的事，不過很容易引導你推出錯誤的結論。預測股價連續十次都命中，或馬票連續六次賭勝，或共同基金可獲利 10%，確實都是些不太可能發生的事。因為遇上這些不太可能發生的事，所以會產生誤判。宇宙很巨大，但只要你想注意奇妙而不太可能發生的事情，你就會發現它們。不太可能發生的事，其實發生得不少。

巧合比你想的多

遭閃電擊中或中樂透，都是不太可能發生的事，但不斷會有人碰到這些事，這是因為世界上的人實在太多了，又有太多人去買樂透，或在打雷時還跑到高爾夫球場，或兩者都幹。從恰當的距離觀察，會發現大多數的巧合都沒什麼神奇。

2007 年 7 月 9 日北卡州的 5 碼樂透開出 4, 21, 23, 34, 39，兩天後，同樣五個號碼又再次開出。這看起來像是不可能發生的事，機會也真的極端的低。兩次樂透純粹靠機運開出同樣號碼的機會，在一百萬次裡小於兩次。但是在判定結果有多驚人時，這卻不是相干的問題。事實上，5 碼樂透已經玩了將近一年，是有機會產生許多巧合。三天之內有兩次 5 碼雷同的機會，機率約一千分之一，其實沒有那麼神奇。此外 5 碼也不是市面上唯一的樂透，全美國有上百種用五個數字決定的樂透遊戲，也銷售了許多

年頭，當你把它們都放到一起，就知道三天裡有兩次同號的巧合，沒那麼令人驚奇。如此說並不意味，個別的巧合機會不太會發生，讓我們重複前面說過的那句話：不太可能發生的事，其實發生得不少。

一如往常，亞里斯多德在此問題上又拔得頭籌：他雖然缺乏任何有關機率的嚴格觀念，卻仍然能理解「不太可能發生的事，其實會發生」。我們也許可以從而論證，不太可能發生的事，其實是有可能發生的。

一旦你真正體認了這項基本真理，巴爾的摩股票經紀人就不會再影響你了。股票經紀人連續給你十次正確的預測，是相當難發生的事，但是在一萬次機會裡，某個人得到如此幸運的預測結果，卻一點也不令人意外。英國統計學家費雪（R. A. Fisher）曾經有過非常著名的說法：「即使機會是百萬分之一，它還是會出現。無論發生在我們身上時會多麼讓我們吃驚，它出現的頻率既不會多於也不會少於它該有的頻率。」

可微調的曖昧規則影響大

不過解《聖經》密碼的人並沒有寫一萬份不同版本的論文，然後投給一萬本統計期刊，因此初看來，並不太像巴爾的摩股票經紀人的騙局。

當數學家接受了凱斯在《統計科學》序言裡提出的挑戰，開始在「上帝做的」理由之外，尋找《聖經》密碼現象的解釋，他們發現狀況並不像魏次騰等人顯示的那麼單純。

領頭質疑的包括澳大利亞的電腦科學家麥凱（B. McKay）與

以色列希伯來大學的數學家巴納丹（D. Bar-Natan）。他們指出一個關鍵問題，就是中世紀的拉比並沒有護照，也沒有出生證明，因此沒有官方認定的正式名字。拉比常常是以稱號見聞於世，因此不同的作者可能用不同的方式表示同一位拉比。假設 Dwaye "The Rock" Johnson 是著名的拉比，當你在《妥拉》裡尋找有關他的生辰預言，該用哪個名字來找，是 Dwayne Johnson 或 The Rock，還是 Dwaye "The Rock" Johnson，或者 D.T.R. Johnson，或以上都是？

這種曖昧給了尋找密碼的人一些迴旋餘地。十八世紀哈西德派神祕主義者拉比傅利曼（Avraham ben Dov Ber Friedman），曾居住在烏克蘭法斯托夫的猶太村。魏次騰、芮普斯、羅森堡使用 Rabbi Avraham（哈西德派拉比）與 HaMalach（天使）做為他的稱號，但是麥凱與巴納丹質疑他們為什麼單獨使用 HaMalach，而不用也是經常使用的 Rabbi Avraham HaMalach。

麥凱與巴納丹發現選擇名字的迴旋餘地，可使解密的品質產生很大的變化。他們選擇這些拉比的另一組不同稱號，根據聖經學者的意見，新名單與魏次騰的名單同樣有效（有一位拉比說兩份稱號「同樣相稱」）。從新名單裡，他們發現有些神奇的事出現了。《妥拉》看起來並沒有暗藏著名拉比的生歿日期，倒是從《戰爭與和平》的希伯來文譯本裡，能辨識出拉比與相關日期，精準的程度跟魏次騰論文裡從《創世紀》得出的結果不相上下。

這種結果有什麼意義呢？我必須先聲明，托爾斯泰當然不會故意把拉比的名字藏在小說裡，並預計有一天現代希伯來文發展成熟，並且把世界名著翻譯成希伯來文時，他隱藏的祕密會顯

露出來。麥凱與巴納丹要特別強調的論點是迴旋餘地的影響力。迴旋餘地造成巴爾的摩股票經紀人許多獲勝的機會，迴旋餘地幫助共同基金公司決定他們祕密孵化的基金哪支是贏家、哪支是垃圾。迴旋餘地也是讓麥凱與巴納丹搞出一張拉比名單，而且還隱藏在《戰爭與和平》裡。當你準備從不太可能發生的事情裡，嘗試導出可靠的推論時，迴旋餘地就是你的敵人。

統計方法真的可信嗎？

在後續的一篇論文裡，麥凱與巴納丹請特拉維夫大學的《塔木德》教授伊曼紐爾（Simcha Emanuel）再列出一張拉比的稱號表，這張表不以配合《妥拉》或《戰爭與和平》為考量。結果《妥拉》做出的成果只比純粹碰運氣好一點點（論文裡沒有報告托爾斯泰小說的成績）。

任何一組拉比稱號會在《創世紀》裡與生歿日相匹配，都是非常不可能發生的事情。但因為有那麼多種選擇名字的方法，其中會有一種使《妥拉》看起來有驚人的預測能力，就不那麼不可能了。只要機會足夠，找到密碼其實是小意思。如果你用卓斯寧不太科學的手法去找，就更容易找到密碼。

卓斯寧反駁批評他的人，並說：「假如批評我的人能從《白鯨記》裡找出暗殺總理的密碼，我就會接受他們的指責。」麥凱很快就從《白鯨記》裡找到一些等距字母序列，涉及到暗殺甘迺迪、甘地夫人、托洛斯基，甚至卓斯寧自己。不過當我寫這本書時，卓斯寧還活得好好的。他已經出了第三本有關聖經密碼的書了，他還在 2010 年 12 月於《紐約時報》刊登全版廣告，警告歐

巴馬總統，表示根據《聖經》的隱藏字母序列顯示，賓拉登已經擁有核武器了。

魏次騰、芮普斯、羅森堡堅信，他們與孵化基金的公司不同，那些公司只向大眾公布結果最好的實驗，而他們的名單是在進行任何比對之前就確定的。他們也許說的是真話，但是如果他們沒說謊，那麼聖經密碼神奇的成功就會有另一種不同的意義。從《妥拉》跟《戰爭與和平》中能挖出某種拉比的名單，不算太稀奇。如果真有奇蹟的話，是魏次騰、芮普斯、羅森堡剛好會選到讓《妥拉》出現最佳成績的版本。

還有一個沒解釋的地方應該會令你困惑。麥凱與巴納丹極具說服力的顯示，魏次騰設計實驗時的迴旋餘地足以解釋聖經密碼。但是魏次騰的論文使用的是標準的統計檢測，科學家也用同樣的方法檢測從醫藥到經濟政策的各種主張。如果不是用這些標準方法，他們的論文也不會為《統計科學》接受。既然那篇論文通過了考驗，是否不管結論看起來多麼不可思議，我們都該承認呢？或換一種方式來講：假如我們很自在的拒絕接受魏次騰研究的結論，那我們標準統計檢測的可靠性能否算數？

這表示你應該對那些統計方法稍做保留。其實即使沒有《妥拉》來攪局，科學家與統計學家已經有很長一段時間，對這些方法憂心忡忡了。

第7章

死魚不會讀心

　　聖經密碼的哄亂喧鬧，並不是統計工具推導出恍若魔術結果的唯一機會。功能神經成像術（functional neuroimaging）是最熱門的醫學課題之一，號稱能使用愈來愈準確的感應元件，即時看到你的思想與感覺在神經突觸間閃爍。2009 年在舊金山舉辦的人腦功能定位協會的研討會上，加州大學聖塔芭芭拉分校的神經科學家班內特（Craig Bennett）張貼了一張壁報，題目是〈以跨物種角度檢測大西洋鮭魚死後的神經基礎：試論多重比較校正〉。你得花點時間才能把由專業名詞包裹的題目剝開，一旦知道它在說什麼，就會發現壁報上宣告的成果，實在非比尋常。把死魚放在功能性磁振造影機下，然後對牠展示一系列的人像照，令人驚奇的是，死魚居然能相當正確評斷出照片裡人的情緒。活魚有這種本領都會讓人印象深刻，更別說是死魚了，這條魚真是得諾貝爾獎的材料。

　　這篇論文當然只是板著臉假正經開玩笑罷了。（寫得還真像

回事：我特別喜歡「方法」那一節，它是這麼說的：「一條成熟的大西洋鮭魚參與本次功能性磁振造影研究，此鮭魚長約 45 公分，重 1.7 公斤，在掃描期間已非存活……承載盤內放置泡沫護墊，做為局限鮭魚在掃描中活動的方式，但是因為受試者的活動性極度低落，此項設施經證明並非必要。」）這個玩笑跟其他玩笑一樣，弦外之音意在抨擊；此例就是要批評某些神經成像研究者在方法論上的馬虎，他們錯在忽視了基本真理：「不可思議的事常常發生。」

神經科學家把功能性磁振造影掃描的影像切割成上萬個小片，稱為立體像素（voxel），每一像素對應腦裡一塊非常小的區域。當你掃描大腦，即使是冰冷的死魚大腦，每個像素都會發出一些隨機的雜訊。當你對死魚展示情緒高漲的人像時，即使可能性很低，雜訊尖峰還是有機會在一瞬間出現。神經系統相當廣大，有上萬的像素可以選擇，因此其中一個像素的資訊剛好跟照片匹配的機會並不小，那正是班內特和同事發現的東西。事實上，他們定位出兩組像素對人類情緒特別有反應，一個在鮭魚內側腦室，一個在上脊柱。

班內特論文的重點在於提醒正確使用統計方法來估計結果，在目前這種數據得來幾乎不費功夫的時代，設定分辨真實現象與靜態雜訊的界線很重要。如果連死魚都能達標，我們真該好好想想，判定證據的標準是否夠嚴格。

如果真的想碰上一些令人驚奇的事，最好把判定標準提高一些。網路上有人說，完全不吃玉米之後，他不僅掉了七公斤，連濕疹也消失了。最好別馬上認定，這是不吃玉米對身體有益的明

證。某人出書鼓吹不吃玉米，且有數千人買了這本書，並試行書中建議；可能上千讀者中，單純因為隨機因素，有一人確實體重變輕，皮膚也變乾爽。於是這位讀者用網路代號「再見玉米哥」發表飲食法有效的興奮見證，但其他遵循這種飲食法卻無減肥成效的人，並沒有上網發表反對意見。

班內特論文的驚人之處，並不在於死魚有一、兩個像素通過統計檢定，而是他們查驗過的神經成像論文中，有很多都沒有針對「不太可能的事情，其實到處都有」這種狀況，使用統計防護措施（即所謂「多重比較校正」）。在缺乏這類校正的情形下，科學家有很大的風險，會遭巴爾的摩股票經紀人的騙局要弄。只因為幾個像素與照片匹配就興奮不已，卻完全忽略其他的像素，造成的危險，就像收到連續正確預測股價的廣告信而樂不可支，卻忽視有更多預測失敗的信件被拋進了垃圾桶。

小學數學的兩大難關

孩童在教育過程裡，有兩個階段很容易在數學上栽觔斗。第一個階段是小學開始教分數的時候，因為之前學的都是自然數，如 0、1、2、3……這些數字，也就是「多少個」這類問題 *，據說這觀念實在太原始，連動物都懂。至於認為數可以代表「某種部分」的更極端廣泛的觀念，則是哲學上的劇烈轉折。十九世紀代數學家克羅內克（Leopold Kronecker）有句名言：「上帝創造自然

---

* 有一個深刻但不重要的問題，長年以來都有人在爭論，那就是「自然數」該不該包括 0。假如你是死硬派的排 0 者，就假裝我沒把 0 包括在內吧！

數，其餘均屬人為。」

開始學代數是第二個危險階段。為什麼代數對學童來說這麼難？因為在引入代數之前，你都是直截了當計算數值。把一些數字丟進加法機器或乘法機器，而堅持傳統的學校甚至會把數字丟進長除法機器，然後轉動機器，再回答算出來的答案是什麼。

代數完全不同，它是倒過來的計算。如果想解：

$$x + 8 = 15$$

這時已經知道加法機器會輸出什麼（就是 15），你需要執行反向工程，找出除了 8 之外，還有哪個數字也輸入機器了。

在這個例子裡，七年級數學老師毫無疑問一定會告訴你，先把數字都搬到右邊：

$$x = 15 - 8$$

接著再把 15 與 8 丟進減法機器裡（記好先把哪一個丟進去……），然後知道 x 必然是 7。

但不一定都這麼容易。你有可能要解二次方程，像是：

$$x^2 - x = 1$$

真的要嗎？（我聽到你求饒。）請算吧！雖然若不是老師要你計算，實在想不出什麼理由來解這題。

回想一下第 2 章的彈道飛彈，它還在瘋狂向你奔來：

還記得飛彈是從地面上 100 公尺處發射，垂直向上的速度是每秒 200 公尺。假如沒有重力的影響，飛彈會根據牛頓定律沿直線往上飛，每秒鐘會升高 200 公尺。經過 x 秒之後，高度可以用下面的方程來描寫：

高度 $= 100 + 200x$

但是重力確實存在，它會把彈道扳彎，使飛彈轉回地面。重力發生的效果可以用二次項來描述：

高度 $= 100 + 200x - 5x^2$

其中的二次項是負的，那是因為重力把飛彈向下拉而非向上推。

針對飛來的飛彈，你也許會有很多問題想問，然而有個極端重要的問題是：飛彈什麼時候落地？要回答這個問題，等於要解出：彈道飛彈的高度什麼時候會成為零？也就是說我們得找出，

在飛彈高度是零時 x 的值，於是得到下面的公式：

$$100 + 200x - 5x^2 = 0$$

用嘗試錯誤法來解

　　如何「翻轉」方程、解出 x，並沒有一定的方法，但也許我們可以不翻轉，換個方式做。嘗試錯誤法是很有力的武器。假如在上式裡令 x = 10，來看看 10 秒鐘後飛彈升到多高，得到的答案是 1,600 公尺。令 x = 20，得到 2,100 公尺，看起來飛彈還在上升。當 x = 30 時，再次得到 1,600 公尺，有前途，我們應該已經通過最高點。到 x = 40 時，飛彈再次距離地面僅 100 公尺。

　　我們可以繼續飛 10 秒或更久，但由於飛彈已經接近地面，再這樣飛鐵定會過頭。如果把 x = 41 代入，會得到 − 105 公尺，這並不是說我們預測飛彈會鑽入地底，而是說飛彈已經撞到地面。按照乾淨美好的彈道學運動模型，飛彈已經炸成碎片了。

　　如果 41 秒太久，改成 40.5 如何？答案會是 − 1.25 公尺，只比 0 小一點點。把時鐘稍微倒轉到 40.4，你就得到 19.2 公尺，撞擊還沒發生。再往前推到 40.49 會怎樣？很接近了，只距地面 0.8 公尺了⋯⋯

　　你可以看出來這種嘗試錯誤法的遊戲，只要小心把時間的轉盤前後調整，就能隨心所欲任意逼近撞擊時間。

　　但是我們「解」了方程嗎？要說解了，似乎又有些怪怪的。我們不斷微調的結果，即使精確到發射後的：

40.4939015319……秒

　　我們還是不知道答案，只知道答案的近似值。從實用上來講，把撞擊時間算到百萬分之幾秒的精確，並沒有必要，你同意吧？大概說「約 40 秒」就夠用了，計算更精確的答案是在浪費時間，而且還有算錯的風險。除此之外，我們簡單的飛彈進程模型，還沒有計入很多別的影響因素，像是空氣阻力、天氣造成的空氣阻力變化、飛彈本身的自旋等等。這些效應也許算小，但是若想計算著地時間達到百萬分之幾秒的精確，它們都大到會讓飛彈與地面的約會無法準時。

　　如果想要令人滿意的精確解，別怕，二次方程解的公式可以幫上忙。你也許曾經背過這條公式，但是除非你的記憶力夠好，或只有十二歲，不然早忘掉它了。下面就是這條公式，令 x 為下面方程的解：

$$c + bx + ax^2 = 0$$

其中 a，b，c 是任何數，則：

$$x = -\frac{1}{2a}\left(b \pm \sqrt{b^2 - 4ac}\right)$$

在飛彈的例子裡，c = 100，b = 200，a = − 5。上面公式告訴你，x 就是：

$$x = \frac{1}{10}\left(200 \pm \sqrt{200^2 + 4 \cdot 5 \cdot 100}\right)$$

　　公式裡大部分符號都能在計算機上打出來，除了看來滑稽的 ±；它看起來像一個加號愛上一個減號，而其實也差不多。這個符號表示，我們雖然一開始是很肯定的說

x ＝

　　但是在結論時有一些曖昧。符號 ± 有點像拼字遊戲裡的空白卡，可以依據需求，讀成 ＋ 或 −。我們做的每一種選擇，都會產生一個 x，使得方程 $100 + 200x − 5x^2 = 0$ 成立。這個方程並非只有單一解，而是有兩個解。

　　會有兩個 x 滿足方程這件事，就算老早忘掉二次方程解的公式，也可以用畫的讓你看得明白。當你畫出 $100 + 200x − 5x^2 = 0$ 的圖形時，會得到一個上下顛倒的拋物線，如下圖：

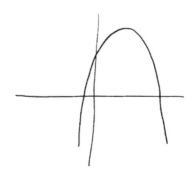

　　水平線是 x 軸，也就是平面上 y 坐標為 0 的所有點。當曲線 y $= 100 + 200x - 5x^2$ 碰到 x 軸時，必須滿足兩件事：y 等於 100 $+ 200x - 5x^2$，且 y $= 0$，也就是說 $100 + 200x - 5x^2 = 0$，恰好是我們原來要解的方程。所以解方程的問題，變成了找曲線與水平線交點的問題。

　　假如拋物線的鼻端向上超出 x 軸，我們的幾何直覺指出，拋物線不多也不少，恰好會在兩個點穿越 x 軸。換句話說，恰有兩個 x 值會使 $100 + 200x - 5x^2 = 0$。

　　到底是哪兩個值呢？

　　假如我們把 $\pm$ 解讀為 $+$，就得到：

$$x = 20 + 2\sqrt{105}$$

　　會等於 40.4939015319……，跟前面用嘗試錯誤法得到的答案相同。假如選用 $-$ 就得到：

$$x = 20 - 2\sqrt{105}$$

　　會等於 $-$ 0.4939015319……

　　但是對於原來的問題而言，這個答案沒什麼意義。問你「飛彈什麼時候打到我？」答案不可能是「半秒鐘以前」。

　　不過 x 的負值確實是方程的正當解，當數學有話要說的時候，我們最好聽一聽。負數到底是什麼意思？下面是一種理解的方式。我們原來說飛彈是從地面上 100 公尺處發射，速度是每秒

鐘 200 公尺。而我們真正用到的條件其實是說：「在時間為 0 的瞬間，飛彈在地面上 100 公尺處，以每秒鐘 200 公尺的速度上升。」倘若當時真正的發射條件並不是這樣，那會如何？也就是說不是在時間等於 0，地上 100 公尺的高度才發射飛彈，而是在較早的時間，於地面發射。發射時間會為何？

計算結果顯示，飛彈在地面有兩個時間，一個是 0.4939⋯⋯秒之前，那是飛彈從地面發射時。另一個時間是從現在算起的 40.4939⋯⋯秒之後，那是飛彈打中地面時。

也許一個方程有兩個解，並不是那麼令人困擾，特別是在熟知如何解二次方程之後。但是當你 12 歲時，這卻代表了哲學觀點的轉移。你在國小時已經花了六年都在學如何尋找問題的唯一解，突然之間，答案不再只有唯一一個了。

那只是二次方程耶！你該如何解下面的方程呢？

$$x^3 + 2x^2 - 11x = 12$$

這是一個三次方程，就是說 x 會升冪到三次方。所幸確實有一個公式可以直接解三次方程，找出丟入機器後算出 12 的 x 值。不過你不會在學校學到解三次方程的公式，因為這個公式相當繁瑣。文藝復興時代後期，一些闖蕩於義大利的代數學家在名利驅使下，公開競解方程。少數會解三次方程的人，把公式私藏起來，或者寫成暗藏解答的韻文。

長話短說，重點是反向工程相當困難。

「推論」的問題，就是聖經解碼者所冥思苦想的，是一種反

向工程，所以相當困難。當我們是科學家、研究《妥拉》的學者、觀望雲彩的孩童，我們面對的是觀察，想得到的是理論，也就是弄清世界運作的道理。推論不僅困難，還可能難如登天。從雲彩的形狀與飄浮的路徑，我們努力倒推回去，想解出產生此系統的 x。

到底多不可能發生

我們其實一直繞著基本問題打轉，就是當我們看見事件發生時，到底要多吃驚？這是關於數學的書，你一定會想說，有沒有一個數值可以度量這個「吃驚程度」。確實有，但它充滿危險。現在我們來談談 p 值。

但是讓我們先談一下「不太可能性」（improbability）。目前為止，我們對這個概念保持曖昧，但曖昧是有理由的。數學裡有些部分，像是幾何與算術，我們會教給小孩，小孩也會彼此學習。這些是最接近天賦的直覺，我們幾乎與生俱來會數數，會根據物品的位置與形狀來分類。這些概念在數學裡的正式表現方法，與我們先天的直覺相去不遠。

機率卻迥然不同。我們當然擁有天生的直覺，可以思考不確定的事物，但要把它說清楚很困難。在數學史上，機率的數學理論非常晚才發展，因此學校的課程如果有安排機率的話，通常也出現得比較晚。每當你仔細思考到底什麼是機率時，不免感覺有點迷迷糊糊的。當我們說「丟錢幣出現正面的機率是 1/2」時，我們其實用到第 4 章講的大數法則，它告訴你，如果丟錢幣非常多次的話，正面出現的比率幾乎總是逼近 1/2，就好像有一條狹

窄的渠道把它限制住了。這種觀點稱為機率的頻率觀。

　　當我們說：「明天下雨的機率是 20%」，是什麼意思呢？明天只會發生一次，不能像是丟錢幣那樣反覆實驗。我們花點氣力把天氣預報硬塞入頻率觀的模式，或許可以說在一大堆跟今天條件類似的日子裡，第二天有 20% 的機率會下雨。但像「未來一千年內，人類滅絕的機率有多少？」就很難回答了，因為根本不可能重複這種實驗。

　　我們有時甚至用機率談論某些不可能受機運操控的事件，例如：喝橄欖油能防治癌症的機率是多少？莎士比亞是莎劇原作者的機率是多少？上帝授與《聖經》與創世的機率是多少？我們談論這些事情時使用的語言，好像不應該跟估計丟錢幣或骰子結果的用語一般。然而我們談論時會說，「看起來不太可能」或「看起來有可能」，一旦這麼說了，我們又如何抵擋想問，「可能性是多少」的誘惑呢？

　　問題是一回事，要回答卻是另一回事。我想不出有什麼實驗能夠估計「上帝存在」的可能性。因此我們只好退而求其次，採用統計實務來幫我們釐清問題（不過這一點仍然有爭議）。

　　我們說過，中世紀拉比的名字是不太可能會隱藏在《妥拉》的字母裡的，但真的如此嗎？許多虔誠的猶太人一開始就認為，所有可以知道的事都早已用某種方式隱藏在《妥拉》的字句中。假如真的如此，拉比的名字與生日出現在《妥拉》中，似乎也不令人驚訝。

　　北卡州的樂透也可以套用類似的說法。在一週內開出兩組相同的號碼，看來簡直是不可能的事。假如你接受號碼是從籠子裡

完全隨機搖出的這種假設，那麼一週內開出兩組相同號碼，看來確實不太可能。然而你可能不接受這樣的假設，也許會認為打亂號碼的機制出了問題，使得 4, 21, 23, 34, 39 這組號碼比別組更容易搖出。也許你會認為腐敗的樂透當局高層，故意搖出跟自己獎券相同的號碼。對於抱持這兩種假設的人而言，搖出相同號碼的巧合，不再不可思議。我們此處所謂的不太可能性，是相對的概念而不是絕對的概念。當我們說某個結果不太可能，意思是就我們目前對外在世界機制的假設，這件事情不太可能發生。

排除虛無假設

許多科學問題都歸結到「是」或「非」：某種現象是否會發生？某種新藥是否能對付它想治的病，還是毫無作用？心理治療會讓你更快樂／更有活力／更性感，還是毫無作用？「毫無作用」這個選項稱為「虛無假設」。換句話說，假設你研究的介入行為沒有任何效用，這種假設就叫做虛無假設。如果你是研發新藥的研究人員，虛無假設可會讓你徹夜難眠。一天不能把它排除，你就不能確定你是踏上了醫藥突破的路徑，還是摸錯了代謝途徑。

要如何排除虛無假設？標準做法是所謂的「虛無假設顯著性檢定」。這個目前通用的做法，是由二十世紀初現代統計實務奠基者費雪發展出來的。*

---

* 你也許會認為費雪的方法屬於「統計」，而非「數學」。我的雙親都是統計學家，我很清楚這兩種學科的界線。但是為達成本書的目標，我把統計思維當作是數學思維的一類，同時替兩者說話。

　　程序如下：首先你做實驗，譬如你從一百位對象開始，隨機選擇一半對象接受你正在發展的仙丹妙藥，而另一半只拿到安慰劑。顯然你會希望吃藥的人比吃安慰劑的人更不容易死亡。

　　接下去的程序看似簡單：如果你觀察到吃藥的病人，比吃安慰劑的病人較容易存活，就宣布勝利，然後向食品藥物管理局申請販售許可。但是這種做法是錯的，光是數據跟你的理論相容並不足夠，數據還必須要跟理論的否定面，也就是虛無假設不相容才行。我可以宣稱自己擁有神力，太陽是靠我從地平線下拉出來的。倘若你需要證明，只要早上五、六點到戶外看看我操作後的結果！然而這種證據根本不能算是證據，因為在虛無假設之下，即使我沒有神力，太陽還是照樣會升空。

　　解釋臨床實驗結果也需要類似的慎重。讓我們用數字來說明：如果我們設下虛無假設，並假定服用新藥的 50 位病人與服用安慰劑的 50 位病人，死亡機率都是 10%，這並不是說服藥和服安慰劑的病人會各有 5 位死亡。事實上，服藥病人裡恰好有 5 位死亡的機率是 18.5%，其實不太可能發生。正如連續丟了許多錢幣，正面與反面剛好次數相等，也是不太可能的事情。同樣的道理，服藥與服安慰劑的病人，不太可能在實驗歷程裡恰有同樣的死亡人數。我計算了一下：

　　13.3% 的機會，服藥與服安慰劑的病人，死亡人數相同；

　　43.3% 的機會，服安慰劑病人的死亡數，比服藥的少；

　　43.3% 的機會，服藥病人的死亡數，比服安慰劑的少。

　　只是看到服藥病人的死亡數比服安慰劑的少，算不上是什麼可靠結論，因為即使在虛無假設認定新藥無效的狀況下，也不是不可能得到這種機率。

　　但是如果服藥的病人情況好很多，結論就會很不一樣。假設在實驗歷程中，有五位服安慰劑的病人死亡，而服藥的病人沒有人過世。假如虛無假設是對的，則兩類病人都有 90% 的存活率。在這種情形下，50 位服藥病人都能活下來是不太可能發生的。第一位服藥病人有 90% 的機會，現在不僅第一位存活，而且第二位也存活的機會就是 90% 的 90%，也就是 81%。如果你要第三位病人同時存活，發生的機會就是 81% 的 90%，也就是 72.9%。每增加一位同時存活的病人，機會就要削減一些，到最後你想知道的「所有 50 位病人都存活的機率」，已經削減得非常小了：

$$(0.9) \times (0.9) \times (0.9) \times \cdots\cdots 50 \text{ 次} = 0.00515\cdots\cdots$$

　　在虛無假設下，兩百次才有一次能達到如此優良的結果。這結論就很具有說服力了。如果我說能用念力使太陽升空，而太陽真的升空了，你不必因我的力量感動。但是假如我宣稱能使太陽不升空，而太陽真的沒升空，我就是在虛無假設下完成一項非常不可能的事，那你才要好好注意一下。

　　我們整理一下虛無假設的規則，分項敘述如下：

1. 做實驗。

2. 令虛無假設為真，在此假設下，令 p 為得到極端觀察結果

的機率。

3. 機率 p 稱為 p 值。假如它非常小，你就該高興，你可以說得到的結果具有「統計顯著性」。假如它很大，你只好承認虛無假設還沒有排除。

到底要多小才算「非常小」？其實沒有一個理論基礎，能截然劃分顯著與不顯著之間的界線。不過從費雪開始，有一項至今廣泛遵守的傳統，是拿 $p = 0.05$，也就是 1/20，做為門檻。

用虛無假設來檢定顯著性之所以流行，是因為它捕捉到我們對不確定性進行推理時的直覺想法。為什麼我們乍看之下，會覺得聖經密碼很有說服力？因為虛無假設認為，《妥拉》無法預測未來，魏次騰挖掘出來的密碼，非常不可能出現。顯著性 p 值（發現許多等距字母序列，能正確對應到拉比的資料），非常接近 0。

這一類的論證法遠在費雪發展顯著性檢定之前，已經有人用來證明上帝創造了宇宙。這個世界是如此富於結構，如此完美有序，如果接受虛無假設：「建立井然世界的創世設計者並不存在」，那麼這世界存在的機會極端渺小！

第一個把這種推論用數學方式表達出來的是英國的阿巴斯諾特（John Arbuthnot），他是皇家醫師兼諷刺文體家、業餘數學家，也是詩人波普（Alexander Pope）的筆友。阿巴斯諾特研究了 1629 年至 1710 年的倫敦新生兒紀錄，發現驚人的規律性：在那八十二年裡，每一年的新生男嬰都多過女嬰。這讓阿巴斯諾特心存疑問：如果在沒有上帝、一切都是隨機的虛無假設下，這種現象純屬巧合的機率是多少？倫敦在任何一年裡，新生男嬰會多於

女嬰的機率是 1/2，男嬰數連續八十二年領先的機率，也就是 p 值為：

$$(1/2) \times (1/2) \times (1/2) \times (1/2) \times \cdots\cdots82 次$$

還略少於 4 萬億兆分之 1。換句話說，幾乎等於零。阿巴斯諾特把結果發表成論文，題為〈論神的旨意：長期觀察新生兒性別得來的論證〉。

阿巴斯諾特的論證獲得廣泛讚賞，教會人士也爭相引用，但是很快就有數學家指出推論裡的瑕疵，主要是他的虛無假設含有不合理的預設條件。從阿巴斯諾特的數據看來，首先遭人質疑的是，嬰兒的性別完全由機會決定，也就是生男生女的機會均等。但是機會為什麼非要均等呢？

尼克勞斯・白努利（Nicholas Bernoulli）提出不同的虛無假設：嬰兒的性別雖然由機會決定，但生男嬰的機會是 18/35，生女嬰的機會是 17/35。尼克勞斯・白努利的虛無假設跟阿巴斯諾特的一樣，不需預設有神論，然而卻與數據相當吻合。假若你連續丟錢幣 82 次，得到 82 次正面，你應該懷疑「這枚錢幣有偏差」，而非認為「上帝愛錢幣正面」。*

雖然阿巴斯諾特的論證沒受到廣泛接受，他的精神卻長存。阿巴斯諾特不僅是聖經解碼者的知識祖宗，也是「創世論科學

---

* 對於男嬰略多的傾向，阿巴斯諾特認為這論證了上帝的存在。理由是必須有適當的調整，才能用多出來的男嬰抵銷兩性的死亡差異。因為成年男人由於戰爭或意外的關係，比女人更容易死亡。

家」的祖宗。時至今日，創世論者仍然認為，若根據數學，則上帝必然存在。理由是如果沒有上帝，我們的世界非常不可能像現在一樣。†

顯著性檢定並未局限在神學辯解上。某種意義上來講，創世論科學家的死對頭達爾文，也曾用差不多同樣的推論來支持自己的成果：

對於上述的幾大類事實，天擇理論都能給出令人滿意的解釋，一般並不認為，錯誤的理論可以達到如此精準的程度。最近有人反對使用這種不保險的論證方法，然而此法早已用在判斷日常生活的事件上，也經常為偉大的自然哲學家所援用。

換句話說，假設天擇理論錯誤，而生物世界卻跟它所預言的那麼一致，這機率相當低！

費雪的貢獻在於把顯著性檢定納入規範，有系統的研判實驗結果是否顯著，使其成為客觀的事實。以費雪的方式做虛無假設顯著性檢定，是一個世紀以來評估科學實驗結果的標準方法。有一本標準的教科書稱此法為「心理學研究的骨幹」。我們用這個標準來區分實驗是否成功。每當你讀到醫學、心理學或經濟學的研究結果，很可能就會讀到附帶的顯著性檢定。

達爾文對「不保險的方法」流露的不安，從沒完全消除。在奉此法為標準的歲月裡，一直有人把它說成是重大的錯誤。1966

---

† 我們將在第 9 章更仔細評估此論證法。

年，心理學家巴肯（David Bakan）曾認為「心理學的危機」就是「統計學的危機」，他寫道：

> 顯著性檢定無法提供心理現象特有的訊息……很多失誤與它的使用相關……但是大聲說出來，就會像說出國王新衣真相的孩童。

將近五十年之後，雖然愈來愈多吵鬧孩童宣揚國王沒穿衣服，但是國王還是國王，依然赤條條的在晃蕩。

顯著性有什麼問題？首先，這個名詞就已惹上麻煩。顯著性的英文是 significance，原意是「重要性」。數學家使用英文的習慣有些好玩，外行人會以為數學論文應該充滿數字與符號，出乎他們的意料，其實數學家需要運用大量文字。

但是數學家討論的對象並不是英文辭典編輯會關注的題材，新的事物需要新的詞彙來討論，有兩種方法可以來處理：一種是編造新的字詞，例如我們會說 cohomology（餘調）、syzygy（合沖）、monodromy（單延拓性）等等，但這種做法會讓論文嚇壞人而難以親近。第二種比較常用的辦法，就是採納現成的字詞，數學家若發現真實世界裡的東西，有些地方貌似想描述的數學物件時，就會用它們的名稱來稱呼這些數學物件。

例如對數學家而言，「群」（group）確實是一群東西，然而指的是非常特殊的某種類型群體，像是整數的群或者幾何圖形的對稱群。數學家使用的「群」，並非指任意組成的東西，像是 OPEC（石油輸出國家組織）或 ABBA 合唱團，而是一組滿足某

些條件的東西，它們之中任二者可結合成第三者，正如兩個數可相加，兩個對稱可逐一相續操作。＊

　　其他字眼像 scheme、bundle、ring、stack 等等，它們的日常意義跟所命名的數學物件，關連非常薄弱。有時我們用的詞彙具田園色彩，例如現代的代數幾何大量討論 field、sheave、kerne、stalk。但是有些時候又富侵略色彩，例如不難聽到說某個算子「殺掉」，或者「殲滅」什麼東西。有一次我跟同事在航站候機室，他跟我討論數學時說，我們有必要「blow up the plane」（英語原意是炸掉飛機，數學用語是從平面產生奇異點）讓我好生尷尬。

　　好，來看 significance 這個字，它在日常英語的意思是「重要性」或「有意義的」。但科學家所謂的 significance 檢定（顯著性檢定）卻不是在量度重要性。當我們檢驗一種新藥的效用時，虛無假設是用來斷言它沒有任何效用，因此排除虛無假設，就是判斷藥物的效用不為零。但是這個效用有可能非常小，小到一般非數學相關的人，絕不會說它具有重要性或有意義。

不顯著的顯著性

　　Significance 這個字的雙重用法，除了讓科學論文難懂，還有其他副作用。1995 年 10 月 18 日，英國藥品安全委員會（CSM）向全英國 20 萬位醫生與公共衛生人員發出一份函件，警告大家慎用某些第三代口服避孕藥。信函裡說：「有新的證據顯示，某些類型

＊數學裡「群」的定義還包括其他條件，不過我們就按下不表了。

的避孕藥使得血管裡產生血栓的機會，增加了兩倍。」血栓不是開玩笑的，它會阻塞血管使血液難以流通。假如血栓剝落自由在血管中流動，可能會隨血液流到肺裡，變成肺栓塞，要了你的命。

同一封信裡緊接著向讀者保證，口服避孕藥對大多數婦女而言是安全的，因此不要未經醫師同意，便輕易停止服用。不過當新聞打出「避孕藥會要命」的標題後，那種安撫人的細節很容易就遭忽略。10 月 19 日美聯社的新聞報導說：「政府在星期四發出警告，某種為一百五十萬英國婦女使用的新型避孕藥，有可能引發血栓……政府原本有意撤銷該藥的行銷許可，但因某些婦女無法適應其他類的避孕藥，所以沒有付諸實施。」

可想而知，社會大眾都嚇壞了。有一位醫師警覺到原來服食避孕藥的病人裡，有 12% 在政府的警告後，即刻停止服藥。許多婦女也可能改用其他不在政府警告之列的避孕藥，但更換藥物會減弱藥效，進而使得懷孕數上升。（哇，你原來還以為會產生一波禁慾潮呢！）英國受孕率之前連續幾年都下降，但在政府發表警告的次年，增加了好幾個百分點。1996 年英格蘭與威爾斯的婦女，比前一年多懷上了 26,000 個嬰兒。因為這之中有很多並不是計畫中的懷孕，所以引發了墮胎潮，使得 1996 年的墮胎數比1995 年多出 13,600 件。

也許這是必要的代價，否則血栓在循環系統裡呼嘯而過，可能會致命。我們應該感謝 CSM 的警告，才讓那麼多婦女逃過死於血栓症的命運！

但是到底有多少婦女獲益？我們沒辦法確知，然而有一位支持 CSM 發出警告的科學家，他說避免掉的血栓致死案例「恐怕

只有一件」。從費雪的統計意義而言，第三代避孕藥增加的風險
具有顯著性，但是從公共衛生的角度來看，卻沒有那麼重要。

　　報導時的行文方式更增加了大家的混淆。CSM 報導的是風
險比例：第三代避孕藥使婦女得血栓的風險加倍。聽起來好像很
恐怖，但是血栓症其實是非常、非常罕見的。在服用第一代與第
二代避孕藥的育齡婦女中，每 7 千人才有一位可能得血栓症。
新藥使用者確實有使血栓症加倍的風險，但也不過每 7 千人才有
兩位，這仍然是非常小的風險，因為數學告訴我們：微小的數字
加倍還是微小。把東西加倍到底是好還是壞，要看那件東西有多
大！就像在英文拼字遊戲「Scrabble」遊戲盤上，讓 ZYMURGY
（值 25 分）蓋到全字加分格算是得分大滿貫，但是 NOSE（值 4
分）蓋到相同的加分格就沒什麼賺頭。

送托兒所還是找保母？

　　比起微小的七千分之一機率，大腦較容易掌握風險的比值。
但是相對於微小的機率計算，風險比值會很容易誤導人。紐約市
立大學的社會學者研究發現，由保母照顧的嬰兒，死亡率比送到
托兒所要高七倍。不過在開除保母之前，先想一下現在的嬰兒死
亡率極低。即使死亡，也幾乎不會是因為照顧者把他們搖晃致死
的。每年因居家照顧發生意外致死的比例，在每 10 萬位嬰兒中
有 1.6 位，在托兒所死亡的比例是每 10 萬位嬰兒中有 0.23 位，
後者相對來講確實低很多 *，然而兩個機率都很接近零。

---

* 這篇論文倒沒有統計由父母自己在家照顧時的比例。

在紐約市立大學的研究裡，2010 年美國嬰兒意外死亡的總數是 1,110 名（多半是遭寢具悶死），而因嬰兒猝死症亡故的有 2,063 名，但每年只有一打左右的嬰兒，是因居家保母照顧而意外死亡，所以相對來說比例其實很低。

假如所有的條件都相等時，紐約市立大學的研究讓人有理由把嬰兒送去托兒所，而不是由居家保母照顧。但是通常不會所有條件都相等，總有某些條件的差異影響比較大。假如光鮮亮麗有公家證照的托兒所，比起送普通保母家遠了兩倍，該怎麼選擇？2010 年在美國，有 79 位嬰兒因車禍致死，假如你送嬰兒去較遠的托兒所，路上要多花 20% 的時間，那麼送托兒所的好處有可能受道路上的風險抵消掉。

顯著性檢定是一種科學工具，就像任何科學工具一樣，它具有一定程度的精確性。如果你把檢定調得敏感一點，例如增加研究母體的大小，就能看到更加細微的效應。這是方法的威力，卻也是它的危機。

嚴格來說，虛無假設幾乎總是錯誤的。當你在病人血管裡注入強效藥劑時，很難說這種藥劑與病人罹患食道癌、血栓症或口臭的機率完全無關。身體的每一部分都會與另一部分溝通，因為身體是複雜的回饋影響與控制系統。你做的每一件事，可能會促成癌症，也可能會避免癌症。原則上來說，如果你的實驗設計夠強，就能找出到底是哪一種情形。但是通常那些效應都極端微小，可以安全的加以忽略。我們能偵測到它們，並不表示它們真的有影響。

如果我們能倒回到統計學剛開始建立的年代，也許應該把 p

值小於 0.05 通過費雪檢定的結果，稱為「統計上可看出」或「統計上可偵測」，而不稱為「統計上具顯著性」。那樣可以更真實反應出，檢定方法的意義只是用來告訴我們效應存在，而非論斷效應的大小或重要性。但是一切都太晚了，我們只能使用已經約定俗成的語言了。*

當不了作家的行為學家

我們都知道史金納（B. F. Skinner）是心理學家，且從很多方面來講都首屈一指，他睥睨那些佛洛伊德學派的心理學家，而建立與他們對立的心理學說。他創立的行為主義不需要任何關於無意識的假說，也不需要有意識動機的假說，只研究可觀察與可量度的行為。對史金納而言，心靈的理論就是行為的理論，因此心理學家關心的有趣研究，絕不涉及思想或感情，而只管用增強效應來操縱行為。

一般人不太知道史金納曾經在小說寫作之路上受挫。他當年在漢彌敦學院主修英文，經常跟桑德斯（Percy Saunders）在一起。桑德斯是化學教授，也是唯美主義者，他的家好似文藝沙龍一般。史金納讀龐德（Ezra Pound）的詩，聽舒伯特的音樂，替學院的文藝雜誌寫一些洋溢青春熱情的詩（「靜夜裡，他停步，屏息／向他的世間密友呢喃／『愛使我力竭』」）他根本沒有修過

---

* 當然不是每種語言的情況都相同。中文統計名詞使用「顯著」，意思接近「可看出」。不過我會說中文的朋友告訴我，「顯著」跟英文的 significance 類似，也有重要的意味。俄文中顯著性的統計用詞是 значимый，然而表達英文 significance 的意義時，會用的是 значительный。

任何一門心理學課程。畢業後，他出席過有名的布雷德洛夫作家研討會（Bread Loaf writer's conference），期間寫過一幕短劇，描述一位用內分泌改變民眾性格的江湖郎中。他曾經成功讓美國詩人佛洛斯特（Robert Frost）對他寫的短篇小說發表感想。在佛洛斯特寫給史金納的鼓勵信裡，一方面讚揚他的小說，另方面給他忠告：「作者能成功的因素，就是要有能耐強力寫出自己的個人見解，即使見解頗怪異，也不吐不快……我認為人人都有這種獨到見解，也不時想談論或書寫出來，但是大多數的人，到頭來都好像是照著別人的見解在行事。」

史金納受到鼓勵，1926 年夏天就搬進父母在賓州斯克蘭頓房子的閣樓，全心全意專注寫作。他發現尋找自己獨有的見解並非易事，即使找到了，要用文學的筆觸寫出來，也同樣困難。他在斯克蘭頓的時間都白費了，他勉強寫了幾段故事，以及有關勞工領袖密契爾（John Mitchell）的十四行詩。史金納多半的時間都在做船舶模型，以及用無線電收音機尋找遠從匹茲堡與紐約州來的訊號來消磨時間。

史金納後來回憶這段時間說道：「對文藝的強烈反感開始發生。我無法成為作家，其實是因為我沒什麼重要的東西要寫。但因為無法面對這樣的解釋，所以我就怪罪文學出了問題。」他甚至還大膽直言：「必須推翻文學。」

史金納是文學雜誌《日晷》（*The Dial*）的固定讀者，他從中讀到羅素（Bertrand Russell）的哲學作品，再經由羅素接觸到華生（John Watson）。華生是第一位大力主張行為主義的人，過不了太久，行為主義就跟史金納的名字幾乎成了同義詞。華生認為科學

家的工作就是觀察實驗結果，沒有例外；也就是說，不必要假設意識或靈魂的存在。他說：「沒人碰觸過靈魂，也沒人在試管裡看過靈魂。」這種毫無妥協的口吻讓史金納倍感興奮，決定去哈佛當心理學的研究生，準備把曖昧無序的自我觀念，從行為科學的研究裡掃地出門。

　　史金納曾經在實驗室裡有過無意識自言自語的經驗，這讓他印象深刻。當時有一部機器發出重複而有韻律的背景聲，史金納不由自主跟著它的節奏，重複自言自語的說：「你永遠也跑不掉，你永遠也跑不掉，你永遠也跑不掉。」這句話表面上看起來像是人話，甚至有那麼一絲絲詩的味道，但其實是自發的造詞過程，並不需要經過自己的意識。史金納正好利用這種現象將文學一軍。*語言，甚至偉大詩人的文采，會不會僅僅是行為表現，是受到刺激而產生的反應，從而可在實驗室裡操弄？

誤解莎士比亞

　　史金納在大學時曾仿作莎士比亞的十四行詩，他用徹底行為主義者的口吻回顧這段經驗：「即成的、有韻律的、合韻腳的文字整行整行的吐出來，讓人感覺異常興奮。」他成為明尼蘇達大學的年輕心理學教授後，把莎士比亞當成只會產生文字的機器，而非才華洋溢的作家。這種研究的途徑在當年並不如現在看來那麼瘋狂，因為當時文藝評論的主流是「細讀」，這方式帶有華生

---

* 據說著名歌手拜恩（David Byrne）替〈把房子燒了〉（Burning Down the House）這首歌寫歌詞時，也用了類似的手法。他配合著樂器聲道的節奏吼叫一些無意義的音節，然後再從那些無意義的聲音中聯想出歌詞。

哲學的影響，史金納也是這樣展現行為主義者的偏好：重視頁面上的字詞更勝於無法觀察的作者動機。

莎士比亞是押頭韻的高手，也就是鄰近的若干字都用同樣的音起頭，例如他曾在劇作中寫下：Full fathom five thy father lies（五噚深處令尊長眠）的句字。對於對史金納而言，舉現成例子來論證，算不上科學。莎士比亞真的愛押頭韻嗎？假如確實如此，數學就能證明他的確有這種偏好。史金納寫道：「想要證明某種程序產生押頭韻現象，必須使用夠大的樣本，用統計分析起首子音的各種排列。」

用什麼樣的統計分析呢？無非是費雪的 p 值檢定。現在虛無假設是，莎士比亞根本不會注意文字的開端發音，所以詩中某字的第一個字母不會影響到同行其他的字。這種設定與臨床試驗頗為相似，最大的不同在於：檢驗新藥的生醫研究者誠心希望虛無假設遭揚棄，藥物的效力才能得證；對於想把文學打倒的史金納而言，虛無假設才是他鍾愛的對象。

在虛無假設下，某個起首音多次出現在同一行詩裡的頻率，並不會因為把字丟進袋裡攪亂，再隨意排列而有所改變。史金納拿了一百首十四行詩做為樣本，實驗後結果確實如此，所以莎士比亞沒通過顯著性檢定。史金納寫道：「雖然表面看起來十四行詩富於押頭韻，但是沒有顯著的證據能支持詩人的行為有值得重視的押頭韻傾向。如果只關注是否有押頭韻這件事，那麼莎士比亞的表現，跟從帽子裡隨便抽字出來並無差異。」

史金納膽子不小，居然敢說莎士比亞的表現跟從帽子裡隨便抽字出來一樣。不過這也充分捕捉到他想建立的心理學精神。佛

洛伊德宣稱，看到了從前認為是隱藏、壓抑、晦澀的東西，而史金納剛好要做反向的事，他否定清楚看見的東西的存在。

不過史金納錯了，他並沒有證明莎士比亞不愛押頭韻。顯著性檢定只是工具，就像望遠鏡一樣。有些工具比別的工具威力更大，譬如用天文研究等級的望遠鏡看火星，你可以看得到它的衛星；但若只是用平常看風景的雙筒望遠鏡，那就看不到衛星了，不過火星的衛星還是在那兒啊！莎士比亞的確愛押頭韻，根據文學史家的研究，當時英格蘭的作家普遍有意識的使用這種手法。

史金納只證明了莎士比亞押頭韻產生的重複音韻，沒有多到在檢定程序裡顯示出來。但是為什麼非得顯示出來？押頭韻有好處也有壞處，有些地方用了可以畫龍點睛，有些地方則需刻意避開，以免產生負面效果。也許整體的傾向，是要增加押頭韻的詩句行數，然而增加的量其實不多。如果你寫的十四行詩，每首都硬塞進一、兩個押頭韻的詩句，就會遭與莎士比亞同時代的詩人加斯科因（George Gascoigne）取笑：「許多作者耽溺於使用一堆同一個字母起頭的字。適度運用會增加詞句的優雅，但是過度運用會搞死文章，讓它成了包心菜。別忘記拉丁諺語『*Crambe bis positum mors est*』。」

這句拉丁諺語的意思是說「連吃兩次包心菜要人命」。莎士比亞的文辭富於表現，但是都很適度。他絕不會塞進太多包心菜，讓史金納的粗糙檢定聞出味道。

手感發燙的迷思

統計研究如果不夠細緻，以致於無法偵測到預期的現象，稱

為「低鑑別率」（underpowered）。這就像是用雙筒望遠鏡來觀測行星，不管它有沒有衛星，你都看不到，還不如不看算了。但你不會真的用雙筒望遠鏡來做天文望遠鏡的事。英國避孕藥恐慌問題的反面，就是低鑑別率問題。像避孕藥這種高鑑別率的研究，有可能因為極不重要的微小效應而把你嚇壞。但是低鑑別率研究又會讓你忽視因為方法弱而檢測不出的微小效應。

看看阿爾布雷希特（Spike Albrecht）的例子。他是密西根大學籃球隊的新生後衛，只有 180 公分高，球季中經常坐冷板凳。2013 年全美大學體育協會主辦的決賽裡，密西根大學狼獾隊對上了路易維爾大學紅雀隊，在上半場的十分鐘裡，阿爾布雷希特連續投中五次籃內空心球，其中四次還是三分球。雖然觀眾看好路易維爾紅雀隊，但阿爾布雷希特的表現使密西根領先了十分。籃球迷會說阿爾布雷希特「手感火燙」，也就是不管他的位置多遠，或被防守得多嚴密，都不會錯失任何一球。

其實並不該有這種事。1985 年刊出一篇認知心理學的著名論文，作者是季洛維奇（T. Gilovich）、瓦隆尼（R. Vallone）、特弗斯基（A. Tversky）（三人簡稱 GVT），他們就像史金納給熱愛莎士比亞的讀者澆涼水一樣，做了讓籃球迷覺得意外的研究。他們用統計方法分析費城 76 人隊於 1980 年至 1981 年，在主場 48 次比賽的投籃紀錄。假如球員有手感發燙的現象，你會期望進籃後下一球繼續投中的機率，會高過投不中的機率。GVT 調查了 NBA 的粉絲群，他們廣泛支持這種理論，十分之九的球迷都認為連投進兩、三球之後，球員就更會投進下一球。

但是費城的紀錄裡卻沒這回事。極富盛名的「J 博士」歐文

（Julius Erving）命中率總平均達 52%。如果他連中三元，你會認為他手感熱了，但其實命中率反而下降到 48%。當他連失三球之後，命中率其實仍保持在 52%。其他的球員，例如「巧克力迅雷」道金斯（Darryl Dawkins）的紀錄更讓人吃驚。他的命中率總平均為 62%，但是每次投中後，下一球的命中率就降到 57%；每次失手後，下一球反倒陡升至 73%，剛好與球迷的預期相反。（有一種可能的解釋：道金斯的失手，意味著外緣有強力的防守，促使他逼近籃下，發揮他把籃板砸爛的招牌灌籃術，他稱之為「當面打臉」與「性感爆表」。）

　　那麼，是不是根本沒有手感火燙這件事？現在還不能下定論。手感火燙或手感發冷絕非一般認為射中之後更容易射中，失手之後更容易失手的普遍規律。它是短暫的現象，在場上某段時間裡，球員因此如有神助。然而你無法預期它什麼時候降臨，什麼時候遁逃。可能有十分鐘時間，阿爾布雷希特宛如球神上身，毫不留情扎進三分球，然後他又恢復成阿爾布雷希特本尊。統計檢定能看出這種現象嗎？原則上有何不可？GVT 發明了聰明的辦法，來檢查這種擋也擋不住的短暫區間。他們把每位球員一季的得分，劃分成四個一組的序列，例如假設「J 博士」命中（簡寫 H）與失手（簡寫 M）的序列如下：

HMHHHMHMMHHHHMMH

　　劃分好的序列則如下：

HMHH，HMHM，MHHH，HMMH

GVT 把這些短序列分類：有 3 或 4 個 H 的稱為「優良」，有 2 個 H 的稱為「普通」，有 0 或 1 個 H 的稱為「欠佳」。然後針對研究的九位球員，一一計算他們有多少優良、普通或欠佳的短序列。GVT 以費雪的方式考慮虛無假設的影響，也就是假設沒有手感火燙這回事。

連續射球四次共有 16 種結果：第一球可以是 H 或 M，針對這兩種情形，接著第二球又各有兩種可能情形，所以頭兩球就有四種可能性（HH、HM、MH、MM）；這四種情形的每一種之後接著第三球又各有兩種可能，於是長度為 3 的序列便有 8 種；最後再加倍一次，就得到四次射球的 16 次可能情形。下面把它們區分為三類：

優良：HHHH，MHHH，HMHH，HHMH，HHHM
普通：HHMM，HMHM，HMMH，MHHM，MHMH，
　　　MMHH
欠佳：HMMM，MHMM，MMHM，MMMH，MMMM

像「J 博士」這種命中率高達 50% 的射手，因為每一球是 H 或 M 的機會均等，16 種序列應該都有同樣的出現機會。你會預期看到「J 博士」四連射的序列中，有 5/16（31.25%）是優良，6/16（37.5%）是普通，5/16（31.25%）是欠佳。

假如「J 博士」有時候真的手感燙了，你會期望優良序列的

數目增加，因為他好像怎麼投都投得進。一旦傾向一連串進球或失球，就會看到較多的 HHHH 或 MMMM，而較少的 HMHM。

　　顯著性檢定要求我們討論下面這個問題：如果虛無假設為真，也就是說沒有手感火燙的現象，我們會不會更不容易看到我們實際觀察到的狀況？結果答案是否定的。在實際觀察到的數據裡，優良、普通、欠佳序列各自所占的比率，跟純粹依照機會預測的一致，偏差的程度遠不足產生統計顯著性。

　　GVT 在論文中說：「這個結果之所以令人意外，是因為即使是見識多廣的觀眾，也堅持『手感火燙』這種錯誤的信念。」雖然 GVT 的結果在心理學界與經濟學界很快成為基本常識，但卻很難在籃球界裡扭轉觀念。然而特弗斯基不因此氣餒，他喜歡跟人爭論，不管最後誰勝誰負。他說：「我跟人家辯論此事不下千回，每次都辯倒對方，但是卻無法讓任何人徹底改變信念。」

無法偵測不代表不存在

　　就像之前的史金納，GVT 其實只回答了半個問題：也就是如果虛無假設為真，沒有手感火燙現象，會發生什麼狀況。他們證實了，結果會跟實際看到的數據差不多。

　　然而如果虛無假設是錯的話，會怎麼樣呢？假設手感火燙現象存在，但是非常短暫，若以數值量度，效應又極微小。球員裡最差的命中率約 40%，而最好的也只達 60%，這種落差在籃球圈裡看來很大，但是從統計的角度來看則相差不大。假如手感火燙現象屬實，射籃序列又做何觀？

　　電腦科學家寇伯（Kevin Korb）與史迪威（Michae Stillwell）

在 2003 年的一篇論文裡研究了這個問題，他們執行了內建手感火燙現象的模擬實驗，也就是說在模擬的歷程裡，如果球員手感火燙，則連續兩段射 10 球的序列裡，命中率會高達 90%。在超過四分之三的模擬中，即使已知虛無假設完全錯誤（因為的確有加入手感火燙的條件來模擬），GVT 使用的顯著性檢定也都沒有得到足以推翻虛無假設的證據。GVT 的設計屬於低鑑別率，即使手感火燙現象真實存在，它仍然會報告沒有這種現象。

如果你不喜歡模擬，那就看看真實狀況。並非所有球隊阻擋對手進籃的本領都相同；在 2012 至 2013 年球季，小氣的「印第安納溜馬隊」只讓對手有 42% 的命中率，但是「克里夫蘭騎士隊」卻讓對手達到 47.6%。所以球員確實有種能預測的「火燙魔咒」，也就是說當他們與騎士隊比賽時，比較容易進球。我們或許可稱這種手感小小發燙的現象為「手感溫熱」，但是季洛維奇、瓦隆尼、特弗斯基檢定方法的敏感度，沒有能力偵測出來。

「籃球員會不會暫時投得特別準或特別不準？」這種答案只有「是」或「否」的問題適合顯著性檢定，但不是瞭解球員表現的恰當問題。恰當的問題應該問：「球員的本領隨時間能有多少變化？觀眾能即時看出球員手感變好的程度嗎？」此處答案可想而知，就是單純的「手感變好的程度沒有一般人想的那麼多，甚至幾乎一點也沒有。」

有時只是純屬好運

最近有一項研究發現，罰球時第一球進網，則第二球命中的機率會略微增加。但是現場即時比賽時，並沒有堅實的證據支持

手感發燙這回事，除非你把球員與教練的主觀印象也當成證據。因為手感發燙的時間甚短，所以不容易否定它的存在，但基於同樣原因，也難以可靠偵測其存在。

　　季洛維奇、瓦隆尼、特弗斯基的核心論點是正確的，他們認為一般人會很快辨識出一些並不真實存在的模式，或者當模式存在時，又過度誇張了作用。球迷看球賽時，會不時觀察到某些球員連中五球，其實並非球員突然獲得老天眷戀，多半是因為對手防守有漏洞、投籃時機選得好，或純粹就是好運。所以即使一連射中五球，也不必特別希望下一球會更容易進籃。

　　投資分析顧問的表現也有同樣的問題。投資是否真有技巧？不同基金收益的差別是否純屬運氣？這些都是惹人爭議、模糊不清、長年難以解決的問題。即使有投資者不論短期或長期都手氣極順，這樣的人也極少，以致 GVT 考慮的統計檢定不至於受到影響。連續五年獲利超出市場平均的基金，比較可能純屬好運，而非策略高超。先前的表現絕對無法保證未來的獲利。

　　如果密西根的粉絲想靠阿爾布雷希特把球隊帶到冠軍寶座，他們就會大失所望。在下半場裡，阿爾布雷希特一球也沒投中，終場狼獾隊輸掉 6 分。

　　2009 年赫伊津哈（John Huizinga）與韋伊（Sandy Weil）做了一項研究，他們認為即使手感發燙真的存在，球員最好還是不要相信它！他們使用比 GVT 更大量的數據，結果發現當球員投中一球後，接下來的一球卻比較不容易投中。赫伊津哈與韋伊不僅記錄投球是否命中，還記錄球員出手投球的位置。投球位置的數據提供了這種現象的可能解釋：球員進球後，下一次往往會嘗試

難度更高的進球方式。

阿塔利（Yigal Attali）在 2013 年沿著這種研究路線，發現更引人好奇的結果。帶球上籃得分的球員，與沒帶球上籃得分的球員相比，在遠射時並沒有明顯偏好。帶球上籃畢竟比較容易，不會讓球員產生手感變好的錯覺。然而比起失手三分球，球員在投中三分球後，下一球會更傾向繼續遠射。換句話說，手感火燙有可能「自我抵消」，也就是說當球員自我感覺良好，以為手感火燙，就會過度自信而投出一些不該投的球。

在證券市場上投資也有類似現象，就留給讀者當練習題來思考吧！

第8章

歸渺法

在運用費雪和後繼數學家發展的精緻演算法前，我們會在開頭第二步，遇到顯著性檢定裡最惱人的哲學問題：

「令虛無假設為真。」

然而在多數情況裡，我們想嘗試證明的是虛無假設「不為真」。於是先假設：新藥有效、莎士比亞愛押頭韻、《妥拉》能預知未來。先假設我們想否證的東西成立，邏輯上好像有點怪怪的，似乎會落入自我循環的論證裡。

關於這點懷疑倒是不必憂心，把我們認為是假的命題先設定為真，這種論證法已通過時間的考驗，甚至可以回溯到亞里斯多德時代，稱為矛盾證法或歸謬法（reductio ad absurdum）＊。

歸謬像是數學的柔道，我們先肯定最終想否定的命題，然後

＊ 有些人堅持要區分這種論證法的特性：由假設推出的結論自我矛盾，才算是歸謬法；倘若只是推論出結論為假，論證只能稱為逆向思維律（modus tollens）。

給它來記過肩摔，讓它遭自己的重量壓垮。如果某項假設蘊涵了假理，那麼該假設必然錯誤。歸謬法的方法如下：

- 設定假設 H 為真。
- 從 H 可推出 F 不可能成立。
- 然而 F 確為成立的事實。
- 所以 H 必為假。

舉個例子來說，有人告訴你，2012 年哥倫比亞特區有兩百位兒童遭槍殺身亡，這算是假設。很難立即檢驗這個假設是真是假（我的意思是說，把「2012 年在哥倫比亞特區遭槍殺身亡的兒童人數」打入谷歌搜尋欄，無法立即得到答案）。然而如果我們認定此假設為真，則 2012 年哥倫比亞特區的殺人案件不可能低於兩百。其實那年只有八十八件槍殺案，所以上述的兒童死亡數假設必然為假。

這裡並非自我循環論證，我們只是暫時「假定」某個假設為真，是探索事實的暫時手段，我們布置一個與事實相反的想像世界，讓 H 在其中為真，然後看著它在真實世界的壓力下遭壓垮。

換個角度來看，歸謬法好像相當無聊。也許更正確的說，歸謬法是我們早已慣用的心理工具，所以才忘了它多麼有威力。畢達哥拉斯學派就是用歸謬法證明了根號 2 的無理性，由於過度衝擊原先的信念，發明者因此惹來殺身之禍。

這個歸謬法的證明簡單、精緻、沒廢話，可以在一頁裡交代明白。

設定：

H：2 的平方根為有理數。

也就是說 $\sqrt{2}$ 會等於某個分數 m/n，其中 m 與 n 是整數。我們可以假設分數 m/n 是最簡分數，意思是說如果分子與分母有公因數，就把公因數約分，分數的值並不會因此發生變化。例如：能寫成 5/7，就沒理由非寫 10/14 不可。我們重寫假設：

H：2 的平方根等於 m／n，其中 m 與 n 是沒有公因數的整數。

首先我們可推論 m 與 n 不可能都是偶數，否則這兩個偶數會有公因數 2。如此一來，這分數的情況就如同 10/14，此時分子與分母都除 2，也不會影響分數的數值，所以不是最簡分數。於是：

F：m 與 n 同為偶數。

F 為假。

因為 $\sqrt{2}$ ＝ m/n，把等號兩邊平方，我們可見 2 ＝ $m^2／n^2$，或寫成 $2n^2 = m^2$。於是 m^2 會是偶數，那麼 m 必然也是偶數。而一個數是偶數的條件，是它可以是另一個整數的兩倍；所以我們把 m 寫成 2k，其中 k 是另一個整數。現在我們就有 $2n^2 = (2k)^2 =$

$4k^2$。兩邊除以 2，得到 $n^2 = 2k^2$。

搞這些代數運算是要幹嘛？無非是要證明 n^2 是 k^2 的兩倍，於是 n^2 是偶數。但是如果 n^2 是偶數，則 n 必然也是偶數，就像前面 m 得證是偶數。那麼 F 就為真了！因為設定 H，我們導致假理，甚至自相矛盾，也就是 F 既為真又同時為假。所以 H 必然為假：2 的平方根不會是有理數。先假設為真，最終我們證明為假，這技巧看起來挺古怪，但卻很管用。

你可以把虛無假設的顯著性檢定看成是歸謬法的模糊版：

- 令虛無假設 H 為真。
- 從 H 可以推出，觀察到 O 出現的可能性非常低（譬如說，低於費雪的 0.05 門檻值）。
- 然而 O 確實能觀察到。
- 所以，H 不太可能為真。

這就不是歸謬法了，或許可說是歸「渺」法（reductio ad unlikely）吧！

解開昴宿星團之謎

有一個使用歸渺法的經典例子，來自十八世紀的教士兼天文學家米歇爾（John Michell），他是用統計方法研究天體的先鋒。在金牛座的角落裡有一團黯淡的恆星，幾乎所有的文明都曾觀察過。美國原住民納瓦荷族稱之為閃爍者（Dilyehe），紐西蘭毛利人把它們叫做神的眼睛（Matariki）。古羅馬人把它們當

做葡萄，日本人稱之為「昴」（日語讀音為 Subaru，你現在知道速霸陸汽車標誌的六顆星從哪兒來了吧）。而我們稱為昴宿星團（Pleiades）。

　　幾百年來的觀察及神話的編織，都無法解決有關昴宿星團的基本科學問題：到底那六顆恆星是不是構成真正的星團？也許那六顆恆星其實分隔得遙不可測，只是碰巧與地球排列在相同方向。如果光點隨機分布在我們的視野裡，看起來應該像下圖：

　　你會看到聚集成一團團的東西，對不對？這種現象在預期之中：不可避免的會有幾團恆星彼此相疊。我們怎麼能知道昂宿星團不是這種狀況？這跟在前一章，季洛維奇、瓦隆尼、特弗斯基曾經指出的一樣：穩定得分的球員，雖然沒有享受到手感火燙期，也沒有慘遭手感冰冷期，但偶爾也會連中五球。

　　事實上，要是星星沒有聚集成我們眼中的星團，狀況會如下圖：

　　這種景象足以證明，有某種非隨機過程發生作用。對我們的肉眼而言，第二張圖看起來好像「更隨機」，其實不然，它顯示出某種內在機制，使恆星抗拒聚集到一處。

　　所以表面上看起來有一團恆星聚在一起，並不能說服我們相信，那些恆星真的縮在一個小範圍空間裡。從另一方面來說，如果我們看到一團恆星擠得很緊，應該會懷疑這並非巧合。米歇爾說明，假如恆星真的是隨機分布在太空裡，那麼昴宿星團那六顆星，如此清楚擠在一塊的機率非常小，他計算出約為五十萬分之一。然而那些星星確實高懸我們上方，好似一坨葡萄。米歇爾的結論指出，只有傻瓜才會相信那是巧合。

　　費雪很讚許米歇爾的工作，拿古典的歸謬法與米歇爾的論證做類比，他說：「支持這個結論的力量，來自邏輯上簡單的析取句（disjunction）：要嘛非常稀有的事件碰巧發生了，要嘛就是隨機分布的理論有誤。」

　　這個論證很有力，結論也無懈可擊。昴宿星團並非巧合的光學現象，而是真正的星團，除了六顆可見恆星外，還有幾百顆成長中的年輕恆星。我們能看到像昴宿星團這類緊密聚集的星團，它的密集程度已經不能用巧合來解釋，證明了恆星並非隨機分布在太空裡，必然有什麼物理現象在虛空中發生。

相當不可能還是有可能

　　不過壞消息來了，一般而言歸渺法不能保證邏輯上的可靠性，它有可能導向謬誤的結論，這是與亞里斯多德式歸謬法大相逕庭之處。長期擔任梅奧醫院（Mayo Clinic）醫學統計部門負責

人的伯克森（Joseph Berkson）大力推展（並廣為宣傳）對方法論強烈懷疑的態度。他提出一件有名例子，指出基礎不穩的顯著性檢定漏洞。如果你有 50 個實驗對象，你的假設（H）說他們是人類，你的觀察（O）說他們之中有一個有白化病患。白化病患非常罕見，每兩萬人中最多出現一個。所以在已知 H 為真的情形下，在 50 個實驗對象裡發現白化病患的機會相當低，低於四百分之一，也就是 0.0025。*因此，在 H 條件下觀察到 O 的機率（即 p 值），遠低於 0.05。

　　我們必須冷酷面對結論，就是在高度的統計信心下，H 是不正確的，也就是說樣本裡的對象不是人類。

　　我們很容易把「相當不太可能」想成「基本上不可能」，然後在心中把「基本上」愈說愈小聲，直到完全忽視它。†但是「不可能」與「不太可能」是兩回事，兩者相差甚遠。不可能的事永遠不會發生，然而不太可能的事其實滿常發生的。因此我們從「不太可能」的觀察做出推論（就像歸謬法那種做法），邏輯基礎便會動搖。

　　當北卡州樂透一週內開出兩次 4, 21, 23, 34, 39 這組號碼時，很多人在問：是不是樂透出了問題？然而每組號碼抽出來的機率都相同，因此週二開出 4, 21, 23, 34, 39，然後週四開出 16, 17,

---

*你可以用經驗估算樣本裡有白化病患的機率，因為每個實驗對象貢獻 1/20,000 的機會，所以共有 1/400 的機會。不過這並非完全正確，只是當結果非常接近 0 時，如此估算已經相當接近正確答案了。

†從修辭學的角度看，當某人說「X 基本上是 Y」時，其實他的意思是說：「X 不是 Y。然而假如 X 是 Y 的話，我的日子會好過一點，所以不妨就假裝 X 是 Y 就好啦，這樣說不錯吧？」

18, 22, 39，這樣的機率，跟開出兩次同組號碼的機率是相同的；在那兩天開出個別兩組號碼的機率，都約為三千億分之一。事實上，任何兩組號碼在週二與週四的樂透開出的機率，都約為三千億分之一。如果你的觀念是，當樂透出現不太可能的結果，就應該質疑它的公平性，你這輩子的每個星期四，不管樂透開出什麼號碼，都會發給樂透當局一封怒不可遏的抗議電郵。

　　拜託，別做那樣的人！

　　米歇爾犀利的洞識：即使是隨機分散在視野中的星星，我們也可能把它們看成星團，並非只適用於天文學。這個現象是以數學為主題的警匪影集「數字搜查線」（*Numb3rs*）‡ 設定的破案關鍵。在這部影集首播的劇情裡，警局牆上掛的兇殺案地圖中，標記犯案點的大頭針並沒有出現任何叢聚現象，因此是狡猾的連續殺人犯刻意間隔犧牲者間的距離，所以作案的並非漫無章法隨機殺人的瘋子。這樣的警察故事或許有點造作，但運用的數學卻無比正確。

一夕爆紅的張益唐

　　隨機資料中出現叢聚現象，給了我們啟示：在非隨機的情形下，也可能出現叢聚現象，質數的行為就是一例。2013 年，新罕

---

‡ 透露一件祕密：我曾經事先閱讀「數字搜查線」的腳本，幫他們檢查其中的數學是否正確，然後建議改善方法。不過在我建議的修改裡，只有一句對白出現在電視播映裡：「在某些開放條件下，嘗試找出三維仿射空間投射到球體上的投影。」

布夏州大學（UNH）受學生歡迎的講師張益唐，宣布他證明了質數分布的「間距有界」（bounded gaps）猜想，震驚了純數學界。張益唐原是北京大學的明星學生，但在 1980 年代到美國攻讀博士學位之後，一直沒有發達起來。他從 2001 年起就沒發表過論文。有一段時間，他甚至離開學術界去賣潛艇堡，直到北京大學的老同學聯繫到他，並幫他在 UNH 謀得約聘講師職位。從表面看來，他根本一敗塗地。因此當他發表論文，證明了很多數論大師都無法成功證明的定理時，自然讓大家跌破眼鏡。

不過這個猜想會成真，一點也不令人意外。一般人都認為數學家是死硬派，在獲得證明之前，絕不輕易相信任何事。事實上並非全然如此，在張益唐發表論文之前，我們早就相信「間距有界」猜想會成立，甚至打從心底相信另一個密切相關的「孿生質數猜想」也會成立，雖然至今未能得證，為什麼呢？

讓我們先來看看這兩個猜想在說什麼。質數是大於 1 的整數，且除了自己與 1 之外沒有任何因數。所以 7 是質數，但 9 不是質數，因為 9 能由 3 整除。頭幾個質數是 2, 3, 5, 7, 11, 13。

每一個大於 1 的正整數，都恰有一種方式把自己表示成質數的乘積。例如：60 可以分解成為兩個 2、一個 3、一個 5，因為 $60 = 2 \times 2 \times 3 \times 5$。（雖然從前有些數學家把 1 也當成質數，但我們現在把 1 排除在質數之外，因為 1 會破壞質數分解的唯一性。如果 1 也算做質數的話，60 就可以寫做 $2 \times 2 \times 3 \times 5$，也可寫做 $1 \times 2 \times 2 \times 3 \times 5$，也可寫做 $1 \times 1 \times 2 \times 2 \times 3 \times 5$……）質數自己又該怎樣表示呢？這其實沒什麼問題，以 13 這個質數來說，它剛剛好是單一質數的乘積，也就是 13 自己。那麼 1 又怎

樣呢？既然我們把 1 從質數表裡排除了，它怎麼會是質數的乘積呢？每一個質數都比 1 大啊。很簡單，1 是 0 個質數的乘積。

講到這裡，我常會問：「為什麼 0 個質數的乘積是 1，而不是 0 ？」這裡有一種勉為其難的解釋法：如果你拿一組質數做乘積，例如 2 乘 3 得到 6。然後再用原本當因數的質數（2 與 3）去除乘積（6），得到的答案沒有因數的乘積；而 6 除 6 的答案是 1 而非 0。（相形之下，0 個數的總和確實是 0。）

質數是數論的原子，它們組成所有的數，而且本身不可再分割。也因為如此，從數論誕生以來，質數一直是研究重點。早期證明出的數論定理，就包括歐幾里得定理，這個定理指出質數有無窮多，無論我們沿數線怎麼樣往外跑，都會不斷碰到質數。

然而數學家很貪心，並不因為質數有無窮多個就滿足了。畢竟，到處都有無窮多。怎麼說呢？譬如 2 的冪次有無窮多個，但是它們很稀疏。在頭一千個整數裡，只有 10 個數是 2 的冪次：

$$1, 2, 4, 8, 16, 32, 64, 128, 256, 512$$

偶數也有無窮多個，但就常見多了，頭 1,000 個數裡面恰有 500 個是偶數。事實上，在頭 N 個數裡，就約略有 (1/2) N 個偶數。

質數的情形剛好介於中間，比 2 的冪次更常見，但比偶數少得多。十九世紀末，數論專家阿達瑪（Jacques Hadamard）與瓦萊普桑（Charles Jean de la Vallée-Poussin）證明了質數定理，指出在頭 N 個數中，質數的數量約略為 N / log N。

相鄰質數的距離

我注意到，很少人知道對數是什麼玩意兒。讓我幫大家解說一下。正數 N 的對數稱為 log N，意思就是 N 有幾位數。

等一下，真是如此嗎？就這樣嗎？

其實並非如此。我們可以把位數叫做「類對數」，它極度接近真實的對數，所以在目前的脈絡裡，能表達對數的一般概念。類對數是成長極慢的函數：一千的類對數是 4，一百萬是一千的一千倍，類對數也不過是 7，十億的類對數才僅僅 10 而已。*

質數定理說，頭 N 個整數裡，質數占的比率約為 1/ log N。當數目愈來愈大，質數會愈來愈稀少，不過減少的程度非常緩慢；隨機挑中一個二十位數恰好是質數的機率，剛好是隨機挑中一個十位數質數的一半機率。

我們很自然會想像某類的數愈常見，它們彼此的間距應該就愈小。以偶數來說，只需要向下數兩個數，就會碰到偶數了；事實上，相鄰偶數的間距就是 2。至於 2 的冪次就大不相同了。兩個相鄰的 2 冪次數，彼此間距成指數增加，愈往走下去，間距也會愈來愈大；例如，你一旦走過 16，就再也不會看到兩個相鄰冪次的間距小於 15。

以上兩種情形還算容易，但是有關相鄰質數間距的問題就非

---

* 在頁末註釋我才給出 log N 的真正定義，它是使 $e^x = N$ 的數值 X。此處 e 是歐拉數，它的值約為 2.71828……。我說「e」而不是說「10」，是因為我們要的對數是「自然對數」，而非「普通對數」，或「以 10 為底的對數」。如果你是數學家，或有 e 根手指，就總是會使用自然對數。

常困難。即使張益唐做出突破,在很多方面仍是一團迷霧。

不過我們還是心裡有數,知道該朝什麼方向期待,因為我們有一項很有效的觀點:把質數當做隨機數(random number)來處理。這種觀點效果如此良好,令人大感意外,因為它其實是非常、非常錯誤的觀點,質數絕對不是隨機的!任何關於它們的性質絕非隨意,也不可能受機率操弄。事實上,我們認為質數是宇宙裡亙古不變的要素,甚至把它們刻在鍍金唱片上、放入航海家號射向無垠的星際,期望將來外星人攔截到太空船,能知道地球上的人類可不傻!

質數雖然並非隨機,但在許多方面卻表現得好似隨機數。例如:把一個隨機整數除以 3,餘數只會是 0、1 或 2,而且每個餘數出現的頻率都一樣。當你用 3 去除一個很巨大的質數時,它不可能會整除,否則它就是 3 的倍數,而不是質數。然而一條古老的狄利克雷(Dirichlet)定理指出,餘數 1 與餘數 2 出現的頻率一樣多,就跟隨機數一樣。因此就以「除以 3 所得的餘數」這件事來看,質數除了不是 3 的倍數外,看起來跟隨機數沒兩樣。

相鄰質數的間距又如何呢?前面說過,當數目愈來愈大,質數就愈來愈少,所以你可能會認為質數的間距也會愈來愈大。平均而言確實如此,然而張益唐卻證明出,「相差小於 7 千萬的相鄰質數對,有無窮多對」。換句話說,一個質數與相鄰質數的間距,會被 7 千萬這個數限制住無窮多次,這就是「間距有界」猜想。

為什麼是 7 千萬?沒什麼特別理由,只是因為張益唐只能證明到這樣的上界。事實上,他的論文一問世,就引爆了數學

界的熱潮，來自世界各地的數學家投入線上計畫「多元數學」（Polymath），共同合作改良張益唐的方法，想方設法壓縮間距的大小。到 2013 年 7 月，這群數學家努力的結果，證明了有無窮多個間距小於 5,414。到了 11 月，蒙特婁大學新科博士梅納德（James Maynard）把間距壓到了 600，參與「多元數學」的數學家急忙把梅納德的新見解與他們的方法結合。等你讀到這段文字時，上界無疑會更加縮小。*

乍看之下，間距有界似乎是很神奇的現象。如果質數趨向於相距愈來愈遠，又是什麼原因會有如此多質數對，彼此那麼靠近？這代表質數有某種力量會互相吸引嗎？

沒那種事。如果隨意把數字灑開，某些數對會因為機率而靠得很近；正如隨機把點灑在平面上，就明顯可見叢聚一樣。

孿生質數有多少？

假若質數的行為正如隨機數，不難透過計算看出張益唐的證明成果，甚至能獲得更多訊息，你會期望有無窮多質數對彼此相差僅為 2，像是 3，5 與 11，13；這些相差 2 的質數叫做「孿生質數」。孿生質數有無窮多對仍然是有待證明的猜想。

（下面我們來做簡短的計算，倘若你跟不上，就請把視線向下拉到文字出現「一大堆孿生質數對……」的地方。）

記好這個事實：根據質數定理，頭 N 個數裡約有 N/ log N 個數是質數。如果這些質數隨機分布，則每一個數有 1/log N 的

---

* 譯注：到 2015 年 8 月，此上界已下降並保持在 246。

機率是質數。而 n 與 n + 2 同時是質數的機會約為 $(1/\log N) \times (1/\log N) = (1/\log N)^2$。我們該期望有多少對質數，彼此相差為 2 呢？在我們關注的範圍裡，大約有 N 對 $(n , n + 2)$，而每一對有 $(1/\log N)^2$ 的機會成為孿生質數。因此，我們該期望在這個區間中，約有 $N / (\log N)^2$ 對孿生質數。

　　對於某些偏離隨機的微小效應，數論專家已經知道該如何處理。關鍵是：n 是質數，與 n + 2 是質數，並非兩個獨立事件，一旦 n 是質數，n + 2 為質數的機會也會比較高。這樣的結果，會讓我們 $(1/\log N) \times (1/\log N)$ 的方法不太正確。（因為假如 n 是大於 2 的質數，它必然是奇數，於是 n + 2 也會是奇數，這就使得 n + 2 比較可能是質數。）在第 2 章說過「不必要的困惑」的數學家哈地和終身合作伙伴李特伍德（J. E. Littlewood）找出了更詳細的算法，能把這種相關性考慮在內，從而預測孿生質數的數目比 $N / (\log N)^2$ 高出 32%。用這個改良法，可以預測在 1 千兆之內，約有 1.1 兆對孿生質數，已經非常接近實際數目 1,177,209,242,304。這可是非常多對的孿生質數。

　　不論數目變得多大，數論專家都會預期發現一大堆孿生質數對；這倒不是因為我們相信質數隱藏了什麼深沉神祕的結構，而正好是因為我們不這麼想，我們預期質數會像隨意射飛鏢般丟進整數裡。假如孿生質數猜想錯誤，那才不可思議，因為這需要某種迄今未知的力量把質數拉開。

　　粗略的說，數論裡許多著名猜想都屬於這種性質。哥德巴赫猜想斷言，每個大於 2 的偶數，都是兩個質數的和。如果質數的行為跟隨機數一樣，這個猜想就會成立。另一個同性質的猜想則

斷言，在質數集合裡，能有任意長度的等差序列存在。這個猜想在 2004 年由格林（Ben Green）與陶哲軒解決，也讓陶哲軒獲得菲爾茲獎。

價值百萬的費馬方程

最有名的猜想是在 1637 年，由費馬（Pierre de Fermat）提出的式子：

$$A^n + B^n = C^n$$

他斷言，當 n 是大於 2 的正整數時，此方程無正整數解。（可是當 n 等於 2 時，就會有許多組解，例如 $3^2 + 4^2 = 5^2$。）

就像我們相信孿生質數猜想會成立一樣，每個人都相信費馬猜想正確，但沒有人知道如何證明，[*]直到 1990 年代，普林斯頓大學的數學家威爾斯（Andrew Wiles）才達成突破。我們相信費馬猜想正確的理由是，n 的完全冪相當稀疏，在如此稀疏的隨機集合裡，要找出滿足這個方程的數，機率幾近於零。更進一步，我們來看看下面的廣義費馬方程：

$$A^p + B^q = C^r$$

大多數人都相信，當 p、q、r 夠大時，這個方程也沒有整

---

[*] 費馬曾在某本書的留下注解，說他已有證明，只是地方太小無法完整寫出。但是至今還是沒人相信他真的有辦法證明。

數解。如果你能證明「當 p、q、r 都大於 3，且 A、B、C 沒有共同質因數時，†此方程無解」，那麼美國達拉斯的銀行家比爾（Andrew Beal）就會獎賞你一百萬美金。完全冪的行為如果是隨機的，則此命題為真（所以我充分相信此命題為真）。但我也相信，必須要先對質數有全新的認識，才可能走上證明的途徑。我和好幾位同伴合作，花了數年時間，證明廣義費馬方程在 p = 4，q = 2，r > 4 的情形下無解。單是為了證明上述條件，我們就必須開發新方法來解問題，而這些新方法顯然仍無法解決原始問題，沒辦法讓我們成為百萬富翁。

　　雖然間距有界猜想看似單純，但是張益唐的證明需要用到一些當代數學裡最深刻的定理。‡張益唐以許多前人的結果為基礎，用不同的整數去除質數，並且審慎思慮獲得的餘數，來證明質數看起來就像我們先前說的那樣：貌似隨機數。從這一條路出發，§再使用另外一種涉及間距大小的隨機性概念，他證明了質數看起來還是像隨機數。隨機就是隨機！

　　張益唐的成功，以及當代如格林與陶哲軒等大數學家的成果，嶄露了數學的光明前景，光芒更勝質數的突破成果，我們最終有可能發展出內容更加豐富的隨機性理論。當數學家說，數字分布的行為像是隨機一樣，而且產自完全決定性的程序時，這樣

---

† 這項條件好像有些突兀，但如果允許 A、B、C 有公因數，就會有簡便的方法能產生一大堆「無趣的」解。

‡ 特別引人矚目的是德利涅（Pierre Deligne）的結果，他把數論函數的平均與高維空間的幾何聯繫起來。

§ 跟隨由哥德斯同（Goldston）、平慈（Pintz）、伊爾迪林（Yildirim）開拓的路徑，他們是推進質數間距研究的前輩。

第9章

科學研究的可信度

統計學家沙利奇（Cosma Shalizi）曾告訴我一則寓言：假想你是古羅馬的動物內臟占卜師，必須宰殺羊隻來檢視牠的內臟（特別是肝臟），然後預言未來。你心裡很清楚，恪守伊特拉斯坎（Etruscan）神祇的教誨，並不會讓自己的預言特別可靠，要真是那樣也太扯。你想講求證據，於是跟同事把論文投給《國際內臟占卜學期刊》，該刊要求所有刊登的結果都必須通過統計顯著檢定。

內臟占卜學並非易事，一方面必須花一堆時間來跟血液、膽汁打交道，另一方面實驗經常失敗。想用綿羊的內臟預測蘋果公司的股價，失敗；想模擬民主黨在西班牙裔族群的得票率，又失敗；想估計全球石油的供給量，再次失敗。那些神祇很麻煩，並非每次都能搞清楚，到底什麼樣的內臟或什麼樣的咒語，得以可靠揭露未來。有時候不同內臟占卜師做相同實驗時，一位能預測正確，而另一位會大錯特錯，誰也搞不清楚為什麼。這實在太令

人洩氣了，有時候你真想撒手不幹，去上法學院算了！

不過當占卜上了軌道，彷彿靈光乍現時，一切辛苦全值得了。你發現肝臟的組織與突起，確實預測了明年流感的疫情，於是在心中感謝諸神，你可以發表論文了。

這麼得意的時機，也許二十次裡才有一次。

我的估算確實也是如此，不像你，我本來就不相信內臟占卜；我也不覺得綿羊內臟能得知流感的相關數據，如果兩者真能匹配，那也是純粹出於好運。換句話說，關於內臟做的任何預測，我都是虛無假設的死忠支持者。所以在我的世界裡，內臟占卜實驗都不太可能成功。

有多不可能呢？要想在《國際內臟占卜學期刊》發表論文，必須通過標準的統計顯著性門檻，也就是 p 值 0.05，換句話說，二十次裡要成功一次。回憶一下 p 值的定義：某項實驗若虛無假設為真，則實驗有 1/20 的機會，能產生具有統計意義的結果。倘若虛無假設永遠為真，也就是說內臟占卜純粹是騙人的，那麼每二十次實驗裡也有一次能發表。

然而內臟占卜實驗次數成百，開膛剖肚的羊隻成千，即使二十次才有一次能搞清楚神的旨意，仍然能讓每一期的《國際內臟占卜學期刊》登滿成果，彰顯神旨降臨、占卜有效。但達成預言效果、成功發表的實驗程序，換另一位內臟占卜師重做，往往會失敗。不過，未達統計顯著性的論文根本不會刊出，所以也沒人發現實驗無法複製。即使耳語慢慢傳播，專家總能找出細小的差異，解釋重做的實驗為何會失敗。不管怎樣，我們知道實驗程序是正確的，因為我們檢驗過，它的確具有統計顯著性。

別看到數字就相信

現代醫學與社會科學不是內臟占卜學，但有一群抱持異議的科學家，近年來愈來愈大聲呼籲、提醒大家，科學裡似乎也有不少內臟占卜，只是我們不肯承認。

批評聲最大的是愛奧尼底斯（John Ioannidis），他高中時是希臘的數學明星，後來從事生物醫學的研究。2005 年他發表了一篇論文〈為什麼大部分發表的研究結果都是錯的〉，因而引發臨床科學界一波強烈的自我檢討（以及後續的自我辯護）。為了引人注意，有時論文題目會比實質內容誇張一些。但是這篇論文卻非如此，愛奧尼底斯很嚴肅的指出，某些醫學研究領域根本是「虛無領域」，正如內臟占卜學一樣，完全找不出實效。他寫道：「可以證明，大多數發表的研究結果都是錯誤的。」

「證明」這種字眼對於我這個數學家來說有點難以下嚥，不過愛奧尼底斯確實強而有力的說明，他的指控並非空穴來風。事情是這樣的，在醫學研究裡，我們嘗試的醫療介入多半無效，檢驗的關連性往往不曾顯現。

就拿疾病與遺傳的檢定來說好了，基因組上有眾多基因，其中大多數基因不會讓你得癌症、變得沮喪或肥胖，甚至不會產生任何直接效應。愛奧尼底斯要我們考量遺傳對於思覺失調症（schizophrenia，舊譯精神分裂）的影響，雖然我們知道思覺失調症會遺傳，但它是在基因組的哪一部位呢？畢竟現在是大數據時代，研究人員會把網撒得很廣，去觀察 10 萬個基因（精確的說是遺傳多態型），看看什麼基因跟思覺失調症有關係。愛奧尼底

斯估計只有 10 個左右的基因，可以在臨床上觀察到相關效應。

另外的 99,990 個基因呢？它們都跟思覺失調症毫不相干。然而它們之中的 1/20，也就是約略五千個基因，會通過統計顯著性的 p 值檢定。換句話說，在那些「老天啊，我找到思覺失調症的基因了」而發表論文的結果裡，虛假的結果比真實的結果高出五百倍。

上述比例還是假設那 10 個基因，真的能全部通過思覺失調症的檢定！就像之前講過的莎士比亞及籃球的例子，假如檢定的鑑別率不足，即使是真實效應，也很可能因為達不到統計顯著性而遭排除。假如研究的鑑別率不高，則真正發生作用的基因，很可能只有一半的機率通過顯著性檢定。意思是說，用 p 值挑出引起思覺失調症的基因，可能只有五個真的有作用，但卻有五千個基因是純粹靠運氣而過關。

看看下面方格裡的圓圈，這是說明相關基因數量的好辦法：

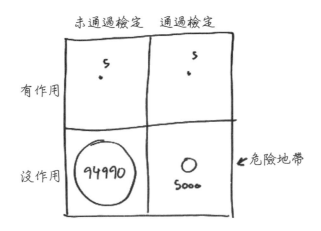

　　格子中的圓圈大小，代表該區域裡基因的數目。左半部兩個小方塊，裡頭的基因沒有通過顯著性檢定，右半部兩小方塊，則是有通過顯著性檢定的基因。上半部兩個小方塊，代表真正會影響思覺失調症的極少數基因，所以只有右上角方塊內的基因，是所謂的真陽性（本來就有作用，而檢定也說會有作用的基因），左上角則是偽陰性（有作用，但是檢定說沒作用的基因）。下半部兩個小方塊，都是對思覺失調症沒作用的基因；左下角大圓圈內的基因是真陰性（本來就沒作用，而且檢定也說沒作用），右下角的小圓圈是偽陽性（本來沒作用，但是檢定說會有作用）。

　　從圖裡可以看出顯著性檢定並非問題所在，它只是做本分內的事。跟思覺失調症無關的基因很少會通過檢定，而我們真正感興趣的基因，則有一半會通過檢定。但跟思覺失調症無關的基因數量上有太大優勢，使得偽陽性雖然遠比真陰性為少，可是卻遠比真陽性為多。

排卵期影響政治傾向？

　　更糟糕的是，低鑑別率的研究，只能檢測出那些影響力巨大的效應。但有時候即使效應存在，影響力也非常小。換句話說，能準確量度出單一基因效應的實驗，很可能會因統計上不夠顯著而遭排除。然而能通過 $p < 0.05$ 的結果，要不是偽陽性，就是雖然是真陽性，但是過度誇張了基因的效應。某些研究領域的實驗規模不大，而且效應程度也中等，這時鑑別率低就會特別危險。心理學的頂尖期刊《心理科學》（*Psychological Science*）2013 年刊出的一篇論文指出，已婚婦女處於排卵受孕期時，會明顯更傾向支

持共和黨的總統候選人羅姆尼。這些婦女在受孕率高峰期接受訪問，有 40.4% 表示會支持羅姆尼，而在非受孕期卻只有 23.4% 會把票投給羅姆尼。* 這項研究的樣本其實很小，只有 228 位婦女參與。但是差異很大，大到足以通過 p 值檢定，成績是 0.03。

差異實在有點太大了，這才是問題所在。支持羅姆尼的婦女，幾乎有一半的人在每個月大部分時間裡，會支持歐巴馬，這可能是真的嗎？沒有人注意到嗎？

就算有人一旦進入排卵期，政治傾向就右傾，數量也應該相當少。然而因為研究對象的數目相對來說太少，產生了弔詭的情形，也就是 p 值的過濾功能，反而會排除更接近真相的效應強度評估。換句話說，我們可以很有信心的指出，這項研究報導的大幅度差異，多半（或甚至全部）是因雜訊而起。

雜訊雖然可能講的是真話，但也同樣可能恰與事實相反。結果我們好似墜落五里霧中，手上的結果徒具統計顯著性，卻讓人缺乏信心。

科學家把這種現象稱為「贏家詛咒」。有些令人印象深刻且備受宣揚的實驗結果，一旦重做後常會讓人失望透頂，「贏家詛咒」也是原因之一。

下面是一件具代表性的實例，心理學家查布利（Christopher Chabris）的研究團隊，重新檢驗了先前觀察到，在與 IQ 分數有統計顯著相關的 13 個單核苷酸多型性（SNP）。我們知道在 IQ

---

* 我有點失望的是，這項研究居然沒有引發陰謀論者的重視；我想他們應該會說，歐巴馬支持節育補助，正是為了壓抑婦女在排卵期想投給共和黨的生理驅動力。搞陰謀論的媒體，快來抄啊！

測驗中得高分的能力，或多或少具有遺傳性，因此尋找相關的遺傳標記不能說沒道理。但當查布利的團隊利用大數據，如樣本數多達一萬人的威斯康辛縱貫研究，來檢驗這些 SNP 與 IQ 的關係時，之前的顯著相關都消失了。這表示，就算這些 SNP 與 IQ 真的相關，它們的效應也實在太小，以致於大型檢驗無法察覺。

基因組學專家如今相信，IQ 的遺傳性很可能不是集中在某幾個「聰明基因」上，而是眾多基因特徵的集聚，其中每一項效應都非常微小。也就是說，如果你想研究個別多型性的明顯效應，雖然會成功，可是成功率就是 1/20，跟內臟占卜一樣。

愛奧尼底斯也不會真的認為，一千篇論文裡只有一篇是正確的。大部分科學研究不會繞著基因組胡亂打轉，他們檢驗的假設總是有些既存的理由，讓他們覺得可能為真。所以方塊圖的下半部並沒有極度壓倒上半部。然而實驗再現性的危機真實存在。

2012 年美國加州的安進公司（Amgen）做了一項研究，他們挑選了 53 個極出名的癌症生理實驗，嘗試加以複製。結果在他們的獨立測試中，僅有六個可以成功做出相同結果。

這怎麼可能？這並不代表基因組專家與癌症研究人員都是傻瓜。實驗再現性的危機只是反映了科學研究的困難。我們的想法經常不正確，即便這些想法已經通過初步的研判。

綠色軟糖的警示

科學世界的有些操作甚至會使危機雪上加霜，不過它們能改變。首先，我們的論文發表機制有問題。看看下面意味深長的漫畫。假設你檢驗 20 個基因標記，想知道它們是否與某些生理失

調相關，結果你只找到一個基因標記的檢定達到 p < 0.05 的顯著性。因為你的數學警覺心夠高，即使所有標記都沒效應，你還是知道二十個裡面會有一個成功，於是你對諷刺漫畫中誤導的標題嗤之以鼻，而這恰好是漫畫家想要的效果。

如果你檢驗同一個基因或綠色軟糖二十次，結果只有一次達統計顯著性，你更該嗤之以鼻了。

我們把狀況改一改，現在有二十個研究團體，在二十個實驗室做了二十次綠色軟糖的檢驗，會發生什麼事？其中十九個實驗室因為觀察不到統計顯著的結果，所以根本不會寫成論文，誰會想發表〈綠色軟糖不會影響青春痘〉這種標題的文章啊？第二十個實驗室的科學家是幸運兒，觀察到了具統計顯著性的結果。他們只是運氣好，卻不知道自己全憑好運。他們知道的是，「綠色軟糖引發青春痘」的理論只檢驗一次，且通過了統計檢定。

如果你只根據論文來判斷該吃什麼顏色的軟糖，犯下的錯誤就像軍方只計算從德國安全返航的機身上有多少彈孔那般。沃德早已告訴你，如果真想知道發生什麼事，請一併考慮那些沒能返航的飛機。

這是所謂的「檔案櫃問題」（file drawer problem），就是說如果某個科學領域，使用統計顯著性做為是否公開結果的門檻，可能會大幅曲解某些假設獲得的證據。我們先前已經用過巴爾的摩股票經紀人當例子了。當好運又興奮的科學家準備向媒體公開綠色軟糖與青春痘的關係時，他的行為正如那位天真的投資者，把畢生積蓄交給了狡詐的股票經紀人。投資者跟科學家一樣，只看到因巧合而成功的那一次就信以為真，但是對為數眾多的失敗案

例卻盲目無知。

不過科學家與投資者之間有一項重大差異。科學裡沒有耍詐的騙子，也沒有無辜的受害者。當科學界把失敗的實驗放進檔案櫃時，他們其實同時扮演兩個角色：詐騙者與被詐騙者。

而這些狀況都假設當事科學家的行為很公正，但實情並非總是如此。還記得迴旋餘地讓相信聖經密碼的人中了計嗎？科學家有不發表論文就完蛋的強烈壓力，難免禁不住迴旋餘地的誘惑。倘若你做完分析得到 p 值是 0.06，得到的結論應該是結果不具統計顯著性。然而要把經年努力的成果冷凍到檔案櫃裡，需要很強的心理素質。說到底，某個實驗的數據不是有點怪怪的嗎？或許是離群值，要不要乾脆把試算表刪掉一行算了？我們有控制年齡嗎？我們有控制室外天氣嗎？我們有同時控制年齡與天氣嗎？放任自己在統計處理上做點手腳，通常就能把 p 值從 0.06 壓到 0.04。

賓州大學的教授賽蒙森（Uri Simonsohn），是研究實驗再現性的專家，他稱這種操作為「操弄 p 值」。通常操弄 p 值的方式不像我講的那麼粗糙，也很少有不良企圖。操弄 p 值的人真心真意相信自己的假設，就跟相信聖經密碼的人一樣。當你深具信念，很容易找到理由認為，達到發表論文水準 p 值的分析，本來就該在第一次實驗裡得到。

不可告人的論文真相

不過，大家都知道這樣做不太對。科學家暗地裡說這種手段是「刑求數據直到它坦白為止」。當然結果的可靠性，也就跟刑

求出的口供差不多了。

　　要估計操弄 *p* 值的幅度並不容易，因為你沒辦法檢查藏在檔案櫃裡，或甚至根本沒寫出來的論文，正如無法檢查遭德國人擊落的飛機到底哪裡中彈一樣。但是你可以像沃德那樣，對於無法直接量度的數據做推論。

　　再回頭看一下《國際內臟占卜學期刊》，如果把那裡發表過的每一篇論文的 *p* 值都記錄下來，會發現什麼？請記住，因為內臟占卜一點用也沒有，所以虛無假設永遠是對的。於是有 5% 的實驗 *p* 值會小於 0.05，4% 實驗的 *p* 值會小於 0.04，3% 實驗的 *p* 值會小於 0.03，以此類推。還有另外一種說法，就是 *p* 值介於 0.04 與 0.05 之間的實驗個數，大約等於介於 0.03 與 0.04 之間的實驗個數，也大約等於介於 0.02 與 0.03 之間的實驗個數，以此類推。如果把內臟占卜論文的 *p* 值都畫出來，可以看到一條平直的圖如下圖：

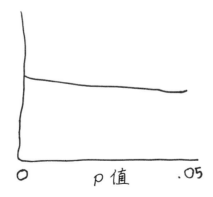

　　如果檢查的是真實的學術期刊，又會看到什麼情況？我們期

盼，探尋的現象有很多是真實存在的，因此我們料想 p 值應該會很好（也就是很小）。所以 p 值的圖應該會像下圖：

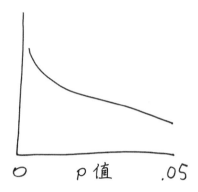

　　但真實世界往往沒有這麼美好。在各種領域裡，從政治科學、經濟學、心理學，到社會學，調查這些實驗的統計數據會發現，p 值逐漸接近 0.05 時，曲線居然會往上彎，如下圖：

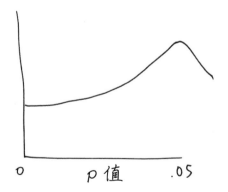

　　那個彎曲就是操弄 p 值的面貌，這告訴我們，很多實驗結果

本來應該落在 $p = 0.05$ 分界線的另一邊（也就是無法發表的那一邊），但是經過又搓、又揉、又搥、又打的功夫，終於落到了分界線愉快的那邊。這對想發表論文的科學家來說也許是好事，但是對於科學本身來說，卻糟糕透頂。

如果某位作者拒絕刑求數據，或即使刑求也無法得到想要的結果，p 值老是高過 0.05，那該怎麼辦？總有些自圓其說的辦法。科學家這時會舌粲蓮花，以便使未達統計顯著性的結果取得發表論文的正當性。他們會說此結果是「近乎統計顯著」或「趨向顯著」或「可謂顯著」或「瀕臨顯著」，甚至十分抽象的「盤旋在顯著之上」。*

取笑用了這類措辭的沮喪研究人員很容易，但與其責備球員，我們更應該批評球賽本身才對，正是因為發表論文的「全有或全無」門檻，才使他們不得不如此取巧。以 $p = 0.05$ 為生死分界線，犯了基本的類別謬誤，錯認連續變數為二元變數。新藥有效的證據有多強、基因預測 IQ 的高低、排卵期婦女喜歡共和黨的程度，都是涉及連續變數的問題。而二元變數就只有兩個值，真或假？是或非？我們應該允許科學家發表不具統計顯著性的數據。

在某些情況下，甚至要勉強科學家發布不具顯著性的結果。2010 年美國最高法院無異議通過一項判決，要求製造感冒藥 Zicam 的藥廠 Matrixx，必須披露某些使用者因感冒藥而喪失嗅覺一事。大法官索托馬約（Sonia Sotomayor）主筆的判決書，主張即

---

* 這些用語都採自健康心理學家漢金斯（Matthew Hankins）部落格的大量資料，他專門鑑定缺乏顯著性的結果。

使喪失嗅覺的報告沒有通過顯著性檢定，仍然屬於「總合資訊」，公司的投資人可以合理期望能取得。p 值很弱的結果可能證據力不足，但是有總比沒有好。p 值很強的結果可以提供較有力的證據，但是我們已經知道，這也無法保證宣稱的效果一定存在。

約定成俗的標準

　　總而言之，0.05 這個數值畢竟沒有任何特殊之處。它只是費雪選定的慣用門檻。這種約定成俗的慣用門檻是有作用的，待大家都接受後，當我們說「顯著」時，大家都清楚在說什麼。我有一次讀到保守派「傳統基金會」（Heritage Foundation）的雷克托（R. Rector）與詹森（K. Johnson）的論文，他們抱怨對手陣營的科學家發布錯誤訊息，認為「禁慾誓言」（abstinence pledge）的做法，並未改變青少年傳染性病的比率。事實上在研究裡，誓言婚前不進行性行為的青少年，感染性病的比率確實比其他青少年略低，但是差異未達統計顯著性。基金會的立場確實有道理，誓言的證據力雖然微弱，但並非完全沒有。

　　但是在另一篇論文中，雷克托與詹森想消除種族與貧窮間統計不顯著的關係，竟寫道：「假如某個變數不具統計顯著性，就表示係數值與零之間沒有統計上可察覺的差異，因此不存在任何效應。」適用於禁慾的見解，也該適用於種族議題！這讓我們看出來，慣用門檻的價值，它可以強迫科學家守規矩，避免他們以偏見決定哪個結果算數，哪個不算數。

　　但長期遵守慣用的規矩，很容易讓人產生錯覺，以為這個規矩放諸世界皆準。想想看，如果我們用這種方式談論經濟狀況會

怎樣。經濟學家有一套關於「不景氣」的正式定義，就跟「統計顯著性」一樣，由某種門檻值來判定。我們不會說：「管他什麼失業率、新屋開工率、學生貸款整體負擔，或是政府負債，只要還沒進入不景氣，一切免談。」會這樣說話的人一定是瘋了。有批評者指控，科學的許多運作方式就像是這類瘋人行為，而這些批評者的人數愈來愈多，聲音也逐年增強。

值得信賴的區間

很顯然，把「$p < 0.05$」當做「真」的同義詞，或是把「$p > 0.05$」當做「假」的同義詞，都是錯誤的。雖然直觀上歸謬法很吸引人，但它不能當做推論數據底下科學真理的法則。

還有什麼替代方案呢？只要做過一次實驗，就知道科學真理不會憑空跳出來朝你敲鑼打鼓。數據常是一團亂，而推論往往很困難。

有一種簡單又受歡迎的策略，是在 p 值之外同時提出「信賴區間」（confidence interval）。這涉及概念上的擴充，要求我們不光只考慮單一虛無假設，而必須考慮一系列的替代方案。假想你在網路上賣自己做的手工鋸齒剪刀，做為一位現代人（自己動手做剪刀這項特質不算），你會設定好 A／B 檢定，讓一半的顧客觀看你目前的網站（A），另一半觀看更新後的版本（B）。更新版裡的「購買」按鈕上面，有唱歌跳舞的剪刀動畫。你發現（B）網站的銷售額增加了 10%。

棒極了！如果你心思細密，可能會懷疑銷售額的增加不過是隨機波動罷了。你計算出，若重新設計網站並沒有任何效果（也

就是虛無假設正確），銷售額能這麼好，p 值只有 0.03。*

　　但有必要就此罷手嗎？如果我雇用大學生在網頁上到處放上會唱歌跳舞的剪刀，那我不只是想知道這樣做有沒有效，我還想知道效果有多好。我想知道觀察到的現象是否能夠證實「重新設計網站的長期效果，只能增加 5% 銷售量」的假設。在這樣的假設下，你可能會發現觀察到銷售量增加 10% 的機率更高，譬如說是 0.2。換句話說，重新設計網站改善 5% 銷售量的假設，並沒有遭歸謬法排除。但是從另一方面來看，你有可能樂觀的懷疑，重新設計網站讓產品吸引人的程度增加 25%。於是你重新計算新的 p 值，得到 0.01。因為可能性太低，所以你拋棄了這項假設。

　　信賴區間涵蓋的假設，是那些歸謬法無法迫使你拋棄、那些與你實際觀察結果合理相容的假設。在上面的例子裡，信賴區間有可能從 +3% 到 +17%。零不包括在內，這正表示虛無假設不屬於信賴區間，也就是說結果有統計顯著性，就像本章之前描述的一樣。

　　信賴區間還能告訴你更多東西。像 [+3%，+17%] 這樣的區間讓你有信心的說，效果正面但不一定很大。如果區間是 [+9%，+11%]，就表示效果不僅正面，而且相當可觀。

　　當你得到到具統計顯著性的結果（也就是信賴區間包含零），信賴區間仍然可以提供你訊息。如果信賴區間是 [−0.5%，0.5%] 的話，得不到統計顯著性的理由，是因為你有合理證據顯

---

* 本例中的數字都是編造的，部分的理由是真實信賴區間的計算，這比我能在此狹小空間能披露的更加複雜。

示，介入毫無作用。如果信賴區間是 [−20%，20%]，那麼得不到統計顯著性的理由，是因為你搞不清楚介入是否發生作用，或者搞不清楚作用到底正向還是反向。從統計顯著性的角度來看，這兩者沒什麼差別，但是對你下一步該怎麼做，意義卻大不相同。

信賴區間的發展通常歸功於尼曼（Jerzy Neyman），他是另一位早期統計學的巨人。尼曼是波蘭人，他跟沃德一樣，在東歐以純數學家發跡，後來才移居西方從事新興的數理統計學。在 1920 年代後期，尼曼開始與艾根・皮爾生（Egon Pearson）合作。艾根除了從父親卡爾・皮爾生（Karl Pearson）那兒繼承了倫敦的學術研究位置，也繼續與費雪的學派對立。費雪是與眾不同的人物，總愛跟人爭論，連他的女兒都說：「我爸在成長過程裡，沒有發展出體會同儕人性的敏感度。」費雪把尼曼與艾根兩人視為腦力夠水準的對手，與他們纏鬥了數十年。

他們在科學觀點上最明顯的差別在於，尼曼與艾根對推論的立場與費雪大不相同。[†]如何從證據來決定真理？尼曼與艾根的回應令人驚訝：不問這個問題。對他們而言，統計的目的不在於告訴我們該相信什麼，而在於告訴我們該做什麼。統計的目的在於如何決策，而非回答問題。對他們來說，顯著性檢定就只是一個規則，告訴下決策的人要不要批准藥物、是否採納經濟革新方案，或要不要把網站搞漂亮。

[†] 提醒讀者，此處有些過分簡化。費雪、尼曼、艾根都活得很久，著作也累積得非常多，他們的觀念與立場在幾十年間也有變化。我粗略描述他們之間的哲學觀差異，其實忽略掉不少個別思想的重要分支。特別是，認為統計的首要任務在於決策的觀點，應該與尼曼而非與艾根更緊密結合。

科學法庭

　　要否認科學的目的在於尋找真理，一開始聽起來的確有點瘋狂。但是尼曼與艾根的哲學觀，其實與我們在別的圈子裡進行推理的方式相去不遠。刑事審判的目的何在？我們可能會天真的說，是為了找出被告是否犯了遭指控的罪行。然而這明顯錯誤，因為證據法則禁止陪審團聽取不當獲得的證詞，即便這證詞能協助他們正確判別被告有沒有罪。法庭的目的不在於真理，而在於公平。我們有法條，法條必須遵守，當我們說被告「有罪」時，如果措辭謹慎，並不是說他犯下了遭指控的罪行，而是說根據現有法條，我們公正的判決他有罪。不管我們使用什麼樣的法條，總會讓一些罪犯脫罪，而讓一些無辜者坐冤獄。你想讓脫罪的罪犯少一點，就有可能讓坐冤獄的無辜人士變多。所以我們立的法，無非是讓社會認為我們已經用最好的辦法，處理基本的妥協。

　　對於尼曼與艾根而言，科學就跟法庭相當。當藥物沒有通過顯著性檢定，我們不說：「我們確信該項藥物無效。」我們只會說：「該項藥物尚未顯示有效。」然後讓它靠邊站。就像如果無法在合理懷疑範圍內，證實被告曾出現在犯罪現場，即使法庭上所有人都認為他有罪，也得放他自由。

　　費雪根本不理這一套。他認為尼曼與艾根受限於純粹數學，堅持嚴格的理性主義，卻傷害了科學實做的精神。大部分法官不會安穩的把明顯無辜的被告送交劊子手，即便法條如此裁定。大部分務實的科學家也不願意遵守死板的規矩，而會針對特定假設成真的情況，形成自己滿意的見解。費雪在 1951 年寫給希克

（W. E. Hick）的信裡寫道：

　　尼曼與艾根臨界域代表的顯著性檢定，是既無必要又造作的方法，你居然還因此而困惑，這讓我有點為你感到遺憾。事實上，我與我全世界的學生都不會想要使用這類方法。如果要我明確說出理由，我會說他們完全搞錯解決問題的方向，也就是並非從研究者的立場看問題，研究者有堅實知識為基礎，不斷的檢視推測與觀察，因為推測隨時會變，觀察可能會有出入。他需要自信的指出：「我應該關注這件事嗎？」當然，我們應該要問得更詳細，所以應該更進一步說出：「這項假設是否該拋棄，如果是的話，用目前的觀察來判定，顯著性的程度又有多高？」之所以能毫不含糊的把問題問清楚，理由在於真正做實驗的人對這些問題早已有答案，而尼曼與艾根的信徒嘗試單靠數學考量回答這些問題，我認為他們會徒勞無功。

　　費雪當然瞭解跨越顯著性門檻，跟找到真理並非同一回事。他預見了內容更完備，更精益求精的方法。他在 1926 年寫道：「只有實驗設計恰當，而且未通過顯著檢定的次數極少，我們才能宣稱實驗確立了某項科學事實。」

　　是「未通過顯著性檢定的次數極少」，而非「只做一次就通過」。某項發現有統計顯著性，只是給你一條線索，讓你把研究精力集中在該集中的地方。顯著性檢定是偵探而非法官。當你從報紙上讀到有關重大發現的文章時，通常會看到「因為 A 而造成了 B」，或者「因為 C 而預防了 D」，然後通常在文末，會引用

某位沒參與研究的資深科學家，以溫和口吻說出類似以下的話：「這項發現非常有趣，我建議應該朝此方向持續深入研究。」但你常常都直接跳過這部分不讀，因為覺得那只是陳腔濫調，沒多大意思。

再現實驗成果

事實的真相是，科學家之所以老愛說這些，是因為它是很重要的實話！如果發現了令人興奮、頗有統計顯著性的實驗結果，不代表是這項科學歷程的終點，而是另一段探索的啟程。如果發現了一項重要的新成果，其他實驗室的科學家會一再測試這個現象及它的變化，想辦法判定這項成果是否只是偶然事件，是否有滿足費雪的標準。這也就是科學家所謂的「再現性」。如果在反覆嘗試之後，某項實驗成果無法再現，科學就只好抱歉不再支持。這種測試實驗可否再現的程序，就像是科學的免疫系統，只要有新發現，科學免疫作用會蜂擁而上把它包圍，無法通過考驗就會被滅絕。

無論如何，這是理想狀況。實務上，科學會有點壓抑免疫作用。當然，有些實驗本來就很難再現。倘若你的研究是量度四歲兒童延遲享樂的能力，然後三十年後，再看看當年的數據，是否與成年後的成就有關，這種實驗就不太可能再現。

但就算是能再現的研究，也很少會有人真的動手重做。每份期刊都想刊登突破性發現，誰會想刊登一年後做同樣實驗，又得到同樣結果的論文？更糟糕的是，做了相同實驗卻無法得到顯著結果的論文，又該怎麼辦呢？要想使整個科學系統有效，那些實

驗也應該公諸於世，但現實上它們往往都進了檔案櫃。

　　但文化漸漸在改變，愛奧尼底斯與賽蒙森的大聲疾呼，不僅向科學社群發聲，也向廣泛大眾訴求，讓人不由興起危機感，唯恐科學墮落成內臟占卜。

　　2013 年心理科學學會宣布，他們將開始刊登一類新文章，稱為「先登錄再現報告」。這類報告的目的，在於再現那些受廣泛引用的研究，這類報告的處理方式跟一般的論文不同：提議的實驗在執行前就先由期刊接受發表。假如實驗結果支持原始發現，當然是好消息；如若不然也依舊會刊登，如此整個科學社群能知道證據的全貌。另外有一個團隊合作計畫，叫做「眾多實驗室計畫」。這個計畫重新檢驗心理學的高知名度發現，然後讓世界各地的實驗室檢視實驗是否能再現。2013 年 11 月，這個計畫傳回第一批結果，心理學家無不歡欣鼓舞，因為 13 件研究中有 10 件得以成功再現。

　　當然，最終總要做出裁定並且畫出界線。到底費雪所謂「無法通過顯著性檢定的次數極少」裡的「極少」，真實意義為何？如果我們分派一個任意的數值門檻（「假設有 90% 的實驗達到統計顯著性，效應即真實存在」），會發現我們又是在自找麻煩。

　　無論如何，費雪並不相信有固定不移的簡易規則，告訴我們該怎麼做。他並不信任純粹的數學公式。1956 年，在接近他生命末期時他寫道：「科學工作者，不會年復一年都根據同一個顯著性標準來否決假設。針對每一種個別情況，他會參照證據與當下想法，用心考量。」

　　在下一章裡，我們將會看到把「參照證據」更具體化的方法。

第 10 章

上帝，祢在嗎？是我，貝氏推論

　　大數據時代嚇壞了一堆人，一部分理由是演算法加上充足數據，讓電腦似乎變得比人還會推論。只要是能力超越人類的東西，通常都很容易嚇到我們：會變形的東西很嚇人、起死回生的東西很嚇人、推論能力出乎意料的電腦當然也很嚇人。美國「塔吉特百貨公司」（Target Corporation）聘請的市場分析團隊，能夠運用統計工具，從顧客的購買紀錄中，推論出明尼蘇達州的某位少女已經懷孕，這難道不嚇人嗎？他們使用祕密的公式，從少女購買無香料乳液、維他命、棉花球的頻率，推算出她可能懷孕了。於是百貨公司開始寄贈嬰兒用品優惠券到家裡，讓少女的老爸大為驚嚇，畢竟以人類貧弱的推理能力，他本來還被蒙在鼓裡。當今的谷歌、臉書、你的手機……甚至連百貨公司，都比你父母更「認識」你，想起來實在令人毛骨悚然。

　　不過，或許我們不該擔心超級厲害的演算法（即便它令人背脊發涼）；我們該擔心的是那些蹩腳的演算法。

　　因為蹩腳程式有可能愈來愈厲害。真的，推動矽谷商業模式的演算法，一年比一年更聰明，而餵給它們的資料，數量不斷增加，內容也日益豐富。有人預期在未來社會，谷歌會從頭到尾把你摸透透。經由成千上萬筆細微的觀察資料（例如按下滑鼠前你考慮了多久、你的谷歌眼鏡在特定區域瀏覽了多久……），中央資料庫就能預測你的偏好、你的慾望、你的行為，特別是你現在需要的商品，甚至向你推銷潛在商品。

　　將來的確有可能達到這種地步，但也可能不至於如此。經由提供大量數據，我們可以合理預期，要用數學解答的問題，準確度會愈來愈好。如果想預測小行星的軌跡，會需要量度它的速度與位置，以及附近天體的重力效應。你量度小行星的次數愈多、量度的精確度愈高，就愈能掌握它的行蹤。

　　某些問題則不太一樣，例如天氣預報。我們現在知道，當蒐集的資料愈詳細、計算資料的能力愈強，確實可以讓預測結果愈好。在 1950 年，早期的 ENIAC 電腦需連續運算 24 小時，才能預測未來一天的天氣，這在當時已經是驚人的計算成就。到了 2008 年，同樣的運算在諾基亞 6300 手機上，只需不到一秒鐘就能計算出來。今日的預報不只更快速，預測的時間尺度也更長，準確度也更高。2010 年，預測未來五日天氣的準確性，與 1986 年預測未來三日的準確性相當。

　　我們不禁會想像，當蒐集數據的能力愈來愈強，預報就會愈來愈準了。未來的電視氣象頻道地下室，會不會就放了一堆伺服器來精確模擬大氣活動？如果想知道下個月的天氣，只要稍微提前跑一下模擬就好？

但其實不可能會如此。大氣中的能量會從非常小的尺度開始擾動，並快速擴及幾乎整個地球。因此在某時某地發生的微小變化，在經過幾天後，會產生與初始條件大不相同的結果。用專業術語來講，天氣是「混沌」的。事實上，正是勞倫茲（Edward Lorenz）用數值方法研究天氣時，率先發現了數學上的混沌概念。他寫道：「有一位氣象學者曾說，假如這套理論正確，海鷗只要一振翅就足以永遠改變天氣發展。雖然學理上的爭議還沒有定論，但最新證據確實證實有利於海鷗。」

不管我們蒐集了多少數據，對於能預測多久以後的天氣，還是有難以跨越的極限。勞倫茲認為我們最多只能預測兩週後的天氣，目前全世界氣象學者共同努力的結果，仍然無法打破他的估計。

人類行為測得準嗎？

那麼，人類的行為比較像小行星，還是比較像天氣？答案視人類行為的不同面向而定。從某方面來看，我們的行為比天氣還難預測。對於天氣，我們有非常優良的數學模型，只要增加數據量，至少在短期預報上就能做得很好，儘管我們知道天氣系統內在的混沌性，最終會破壞預報的結果。但對於人類行為，我們連這類模型都沒有，也可能永遠都不會有，這使預測人類行為難上加難。

2006 年，線上娛樂公司 Netflix 出資一百萬美元徵求新的演算法，期望用更好的程式向顧客推薦影片。目標看來不難達到，第一個寫出比 Netflix 現有推薦影片程式好 10% 的人，就是贏家。

　　Netflix 提供給每位參賽者巨量的匿名評分資料，整體資料量約 100 萬筆，涵蓋了 17,700 部電影與將近 50 萬位 Netflix 使用者。挑戰的目標是「預測顧客如何為還沒看過的電影評分」。現在你有數據了，還是非常龐大的數據，而且與要預測的行為直接相關，然而這個問題還是非常困難。在公開徵求了三年之後，才終於有人跨越了 10% 的改良門檻，這還是各團隊聯手把各自還差了一點點的演算法截長補短，才勉強達標。

　　但 Netflix 從沒機會在實際商務上使用這個新演算法，因為在比賽結束前，Netflix 已經從郵購 DVD 的模式轉型為線上電影串流，因此即使推薦觀賞的功能不完善，這時候也沒多大影響了。如果你用過 Netflix（或亞馬遜、臉書或任何會蒐集你過往的相關資料，向你推薦商品的網站），你就知道這類推薦糟糕得可笑。當愈來愈多的資料匯入你的專屬檔案後，也許推薦的功能會改善非常多，但老實說不太可能改善太多。

　　對於蒐集資料的公司來說，蒐集資料不算壞事。就像塔吉特百貨如果單靠購物紀錄，就能百分百確定顧客懷孕，這對他們來說絕對是大有助益。他們無法做到百分百準確，但只要在顧客是否懷孕這件事上，比現在的猜測準上 10%，也很不賴。谷歌也是如此。他們不需要百分百確定你想購買的商品，只需要比競爭對手聰明一些些就好了。對你來說，多 10% 的準確率不會讓你心裡發毛，但對他們來說可是舉足輕重。在 Netflix 舉辦的演算法競賽期間，我問了副總裁本內特（Jim Bennett），為什麼要給這麼高額的獎金？他卻說，我應該要問為什麼獎金這麼低。雖然 10% 看起來好像不大，但若新演算法成功，公司很快就會回收那一百萬

美元，甚至比拍一部「玩命關頭」花的時間還快。

臉書的演算法

　　如果這些運用大數據的企業，對於「認識」你仍然有一道難以跨越的鴻溝，那還有什麼好擔憂的呢？

　　來擔憂這個吧：假想臉書決定發展演算法，來辨別哪些使用者可能涉及美國境內的恐怖行動。從數學上來講，這個問題與判斷某位 Netflix 顧客是否想看「瞞天過海」這部電影，沒什麼不同。臉書通常知道使用者的真實姓名與所在地點，所以能夠以公開紀錄替犯下恐怖行動罪行、或支持恐怖組織的人建立檔案。然後就是數學時間了。恐怖份子塗鴉牆的更新次數，會比一般人多還是少？還是說在這種量測尺度上，基本上沒什麼差別？在他們的塗鴉牆上，會不會有些關鍵詞的出現頻率較高？他們喜歡或討厭的品牌、團隊、商品是什麼？把這些資料全部匯集起來，就可以為每一位使用者打分數，從這個分數估算使用者與（或即將與）恐怖份子有所牽扯的機率。這或多或少就像，塔吉特百貨公司比對顧客購買乳液及維他命的紀錄，*來推算她懷孕的可能性。

　　但兩者之間有一項重大差異：孕婦很常見，而恐怖份子不常見。幾乎在所有案例裡，推算某位使用者是恐怖份子的機率都非常小。所以結果不會像電影「關鍵報告」演的那樣：在實際進行犯罪之前，臉書大神無所不能的演算法就已預知。更可能的實際

---

* 如果你想找更多的延伸閱讀資料，此處所講的基本方法稱為「邏輯式迴歸」
　（logistic regression）。

狀況是：臉書過濾出 10 萬筆使用者，並且以相當程度的信心說：
「名單上的人，是恐怖份子或其支持者的機率，有可能是一般臉
書使用者的兩倍。」

　　假如你發現鄰居出現在名單裡，該怎麼辦？打電話給聯邦調
查局嗎？

　　在採取行動前，讓我們再畫個方塊圖：

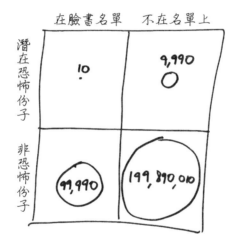

　　方塊圖裡包含大約 2 億位美國的臉書使用者。上半部的格子
屬於潛在的恐怖份子，下半部格子則是沒有嫌疑的人。若美國境
內有恐怖組織存在，規模肯定也非常小，因此就算過分神經兮兮
假設，聯邦調查局應該針對一萬個潛在恐怖分子加緊監視，以全
美國臉書使用者為基數來算，也不過占兩萬分之一而已。

　　臉書的名單把方塊圖分成左半部與右半部。臉書估計左半部
的 10 萬人，涉及恐怖活動的機率相當高。讓我們先相信臉書說

的是真的，他們以演算法挑出的人，是恐怖份子的機率的確是一般人的兩倍，也就是一萬分之一，於是方塊圖左半部會有 10 個人是恐怖分子，而另外 99,990 個人不是。

如果 10,000 位潛在的恐怖份子中，有 10 位屬於左上角的小格，那麼剩下的 9,990 位就落在右上角。用同樣的推理可知，因為有 199,990,000 位臉書使用者不是恐怖份子，而演算法把 99,990 人歸屬於左下角，所以剩下 199,890,010 人屬於右下角。如果把四個小方格裡的數字加到一起，可以得到 200,000,000 的總人數。

已知這四個方格之中，有一格會包含你的鄰居。

然而究竟是哪一格？因為臉書已經標定他是該關注的對象，所以他應該在左半部的格子裡。

有一點你該注意，方塊圖左半部幾乎沒有人是恐怖份子。這表示你的鄰居有 99.99% 的機會是無辜的。

這有點像是避孕藥副作用事件的翻版。在臉書過濾名單上的使用者，確定為恐怖份子的機率是一般人的兩倍。聽起來好像非常可怕，但因為本來機率就極微小，加倍以後仍然相當微小。

用另一種方式來看這件事，更能清晰指出當推論不確定性時，會有多糊塗與不可靠。問問自己下面這個問題：假如鄰居真的不是潛在恐怖份子，那麼他遭冤枉放進臉書過濾名單的機會有多大？

用方塊圖來看，這個問題是說：已知鄰居在下半部的格子，那麼出現在左下角的機會有多大？

這很容易計算出來，下半部的格子共有 199,990,000 人，只

有 99,990 人在左下角。所以遭臉書誤認為潛在恐怖份子的機率為

99,990/199,990,000

差不多是 0.05%。

沒錯，清白的人遭臉書誤認為恐怖份子的機率僅僅只有 1/2,000 ！

現在，你對那位鄰居的觀感又如何呢？

掌控 p 值的推理可以給我們清晰的引導。虛無假設說，你的鄰居並非恐怖份子。在這項假設之下，他的名字出現在臉書過濾名單的機會僅有 0.05%，遠低於統計顯著性的 1/20 門檻。話句話說，在當今科學界大多數人都遵守的規則下，你有正當理由排除虛無假設，宣稱你的鄰居是恐怖份子。

但別忘了，他有 99.99% 的機會不是恐怖份子。

一方面，清白的人非常少遭臉書演算法標示成嫌疑份子，另一方面，演算法挑出的嫌疑份子，又幾乎都是清白的。表面看起來有點相互衝突，其實不然。這就是事情的真實全貌。只要你屏息專注於方塊圖上，就不會弄錯。

要參照足夠的證據

現在來講癥結所在。其實你可以問兩個問題，它們聽起來像是同樣的問題，但並不是。

問題一：已知某人並非恐怖份子，但他遭誤放進臉書名單的

　　　　機會有多少？
　　問題二：已知某人在臉書名單中，但他不是恐怖份子的機會
　　　　　　有多大？

　　這兩道問題的答案並不相同，正好說明了兩個題目大有區別。我們已經看過第一個問題的答案是大約 0.05%，而第二個問題的答案是 99.99%。你真正想要知道的，正是問題二的答案。

　　這兩道問題探討的機率，是所謂的條件機率（conditional probability），也就是「已知 Y 這種情形，求取 X 的機率」。而我此處想澄清的是，「已知 Y 求 X」的機率，不同於「已知 X 求 Y」的機率。

　　聽起來有點耳熟，沒錯，因為我們在歸謬法碰過同樣的問題，並用了 p 值回答下面問題：

「如果虛無假設正確，觀察到的實驗結果，發生的機率是多少？」

　　但是我們想知道的是另外一個條件機率：

「我們觀察到某項實驗結果確實發生了，則虛無假設正確的機率是多少？」

　　當我們把第二題的答案，錯當成第一題的答案時，就是危機發生之時。這種混淆處處可見，並非局限在科學研究裡。當檢察

官向陪審團宣布：「只有五百萬分之一的機會，我再重複一遍，
無辜的人與現場 DNA 樣本匹配的機會，只有五百萬分之一！」
他回答的是問題一：無辜的人被當成罪犯的可能性有多少？但是
陪審團的工作卻是回答問題二：看似有嫌疑的被告，有多少可能
是無辜的？這個問題檢察官是幫不上忙的。*

　　臉書與恐怖份子的例子，讓你清楚為什麼該同時擔心壞演
算法跟好演算法。甚至還有更多該擔心的事。百貨公司知道妳懷
孕，這件事固然令人不安；但當你不是恐怖份子，而臉書卻認為
你是的時候，更讓人打從心底發涼。

　　你也許認為，臉書永遠不會對潛在的恐怖份子（或者逃稅
者、戀童者）編列名單，即使有那樣的名單，他們也不會公布。
幹嘛要這樣做？會有利潤嗎？也許臉書真的不會這樣做。然而
美國國家安全局才不管你有沒有上臉書，他們會蒐集全美國人的
資料。除非你認為國安局記錄通話資料，只是為了讓手機公司知
道該在哪蓋更多基地台，否則他們應該是為了建立某種黑名單。
大數據並非魔術，它無法告訴政府某人是不是恐怖份子。而且不
需要什麼神祕魔術就可以產出冗長的名單，把名單上的人標以紅
色警戒、危險度上升、列管為「關係人」。絕大多數在名單上的
人其實與恐怖活動毫不相干。你有多大信心，自己不是其中之一
呢？

---

* 在目前的脈絡裡，問題一與問題二之間的混淆，通常稱為「檢察官的謬
　誤」（prosecutor's fallacy）。由施耐普斯（Leila Schneps）與柯梅姿（Coralie
　Colmez）合寫的書《法庭上的數學》（*Math on Trial*），仔細解釋了許多生活
　中這類混淆的例子。

恐怖份子黑名單的問題，為什麼看起來這麼矛盾？為什麼看起來頗合理的 p 值機制，卻在這種脈絡裡表現得非常糟糕？關鍵如如下：p 值考慮到臉書標為嫌疑份子的人所占比例（約 2,000 人中有 1 人），卻完全忽略恐怖份子在全部人口裡占的比例。當你開始懷疑鄰居是潛在恐怖份子時，千萬不要忘了關鍵事實：大多數人並非恐怖份子！如果忽視這項事實，可就會倒大楣。正如費雪說的，你必須「參照證據」，依照已知狀況衡量每一項假設。

心電感應猜輪盤

但是要如何做到呢？讓我們先來看看無線電心電感應的故事。心電感應（telepathy）在 1937 年紅得不得了。心理學家萊因（J. B. Rhine）在《心靈的新邊境》（*New Frontiers of the Mind*）一書中，用冷靜的口吻與量化的筆觸，報導他在杜克大學做的 ESP（超感官知覺）實驗超乎尋常的結果。這本書一舉躍上暢銷榜，也成為著名讀書俱樂部的選書，使得超自然能力變成全國茶餘飯後閒談的熱門題材。暢銷書《魔鬼的叢林》（*The Jungle*）的作者辛克萊（Upton Sinclair），在 1930 年出版《心靈無線電》（*Mental Radio*），討論他跟夫人瑪麗的心電感應實驗。這項題材成為主流，連愛因斯坦都替該書的德文版寫了序言，雖然他沒有完全肯定心電感應，但是他說辛克萊的書「值得心理學家好好思考」。

大眾媒體自然想要趕搭順風車。天頂廣播公司（Zenith Radio Corporation）與萊因合作，在 1937 年 9 月 5 日發動了雄心萬丈的實驗，而且只有廣播這種新興通訊科技能幫他們實現理想。廣播主持人旋轉輪盤五次，每轉動一次，會讓球落入黑格或紅格中。

此時旁邊一組自稱有心電感應能力的人，會集中精神注意小球落在哪個顏色的格子裡，然後透過廣播用心電感應向全國發出訊號。電台要求聽眾以自己的心靈能力接收心電感應訊號，然後把接收到的五次顏色寫下，郵寄回電台。第一次播出時有超過四萬人寄來回音，即使後來熱潮稍退，廣播公司仍然每週收到上千封回信。如此龐大的「心靈實驗數據」，是萊因在杜克大學實驗室裡絕對無法辦到的，這簡直就是早期的大數據事件。

　　實驗最終的結果對心電感應並不有利。但是從聽眾回覆的資料裡，心理學家卻發展出別種類型的應用。在五次旋轉輪盤完成後，觀眾寫下的黑（B）或紅（R）色序列，總共有 32 種可能：

BBBBB	BBRBB	BRBBB	BRRBB
BBBBR	BBRBR	BRBBR	BRRBR
BBBRB	BBRRB	BRBRB	BRRRB
BBBRR	BBRRR	BRBRR	BRRRR
RBBBB	RBRBB	RRBBB	RRRBB
RBBBR	RBRBR	RRBBR	RRRBR
RBBRB	RBRRB	RRBRB	RRRRB
RBBRR	RBRRR	RRBRR	RRRRR

　　輪盤每次轉動後，落入紅格或黑格的機會一樣，所以上面每一序列出現的機會，理論上也都一樣。又因為聽眾不可能收到任何心電感應訊號，你會期望聽眾的回應也會在這 32 種選擇中平均分布。

但結果其實不然，聽眾寄來的序列分布非常不均勻。像 BBRBR 與 BRRBR 出現的頻率，遠高於純粹用機率預測的數值，而像 RBRBR 這類序列，又比該出現的頻率低，而 RRRRR 幾乎不曾出現。

這樣的結果也許並不出你所料，RRRRR 感覺起來就不如 BBRBR 隨機，雖然兩者在旋轉輪盤時出現的機率相同。這是怎麼回事？當我們說一串字母比另一串字母「更不隨機」時，到底是什麼意思？

這裡有另一個例子。請從 1 到 20 之間馬上隨便想一個數字。

你選了 17 嗎？

好吧，我可能沒猜中。但若要人從 1 到 20 間挑一個數字，17 是最可能中選的數。如果要人從 0 到 9 之間挑一個數，那麼 7 是最常出現的數。以 0 或 5 結尾的數很少會被挑到，大多數人會覺得它們看起來不夠隨機。這種現象有點諷刺，參加電台實驗的人想猜中由 R 與 B 組成的隨機序列，但卻交出很不隨機的結果。就像如果請人隨意挑選數字，他們反倒會做一些看來不太隨機的選擇。

慧眼辨作票

伊朗在 2009 年舉行總統大選，競選連任的艾馬丹加（Mahmoud Ahmadinejad）以高票當選。當時作票傳言廣為流傳，在政府幾乎不准有任何獨立監督的國家裡，你要如何檢驗票數有無作假？

畢柏（Bernd Beber）與斯卡柯（Alexandra Scacco）這兩位哥倫比亞大學研究生想出了聰明的辦法，他們把數字本身變成舞

弊的證據，有效利用官方公布的票數，做出讓政府難辭其咎的指控。他們檢查四位候選人在 29 個省的得票數，一共 116 個數字。如果沒有作票，這些數字的最後一位數，沒理由不是隨機數。它們應該平均分配在 0、1、2、3、4、5、6、7、8、9 這十個數字裡，也就是每個數字出現的次數，約為總數的 10%。

但是伊朗公布的票數卻看不出這種現象。數字 7 出現的次數太多，幾乎是正常情況的兩倍。因此票數不像是隨機產生的，反而像是有人刻意寫下自認為隨機的數字。光這件事還不足以證明選舉有作票，但至少想讓人往那個方向的調查。*

我們腦海中存有對外在世界的想像，對於理解世界也有各種相互競爭的理論，所以每個人都會不斷的推論，不斷使用新的觀察修正既有的判斷。對於某些理論我們很有信心，而且是有近乎不可動搖的信心，例如，「太陽明天還會升起」、「一放手，東西就會往下掉」。對於另外一些理論，則不怎麼確定，例如，「白天運動晚上就睡得好」、「心電感應都是騙人的」。我們有關於大事的理論，也有關於小事的理論，有些事整天會碰到，有些事一輩子才碰到一次。當我們獲得有關這些理論的正面或反面證據，我們的信心也就跟著隨之起伏。

我們的輪盤標準理論，認為它設計平衡，因此小球落入紅格與黑格的機會相等。但也可以有另一種競爭的理論，譬如說輪盤

---

* 事情仍不如表面簡單：畢柏與斯卡柯發現 0 出現的次數雖然比純隨機現象略少，卻又沒有少到像人為撰寫數字時那麼少。然而另外一組來自尼加拉瓜明顯的作票數，反倒有一大堆數目末位數字是 0。正如絕大部分的調查工作一樣，這離精確的科學仍有一段距離。

會偏向兩色中的某一色。*讓我們把事情弄得簡單一點，只需考慮三種理論：

偏紅：小球落入紅格的機率有 60%。
公平：輪盤不偏不倚，讓小球落入紅格與黑格的機率各半。
偏黑：小球落入黑格的機率有 60%。

你比較相信哪一種理論？也許你認為，除非有明確證據，否則輪盤應該是公平的。也許你認為公平是正確理論的機率有 90%，而偏黑與偏紅各有 5% 的機率正確。我們可以畫方塊圖來顯示這個狀況，如同我們處理臉書名單時運用的方式。

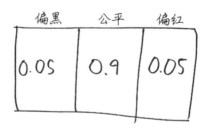

這個方塊圖記錄的是各個理論的「事前機率」，不同的人有可能給出不同的事前機率。死硬派的懷疑論者可能會給每個理論

---

* 顯然，對尋常賭場的輪盤而言，這個替代理論不太有說服力，因為黑格與紅格會相間出現。但是你可以想像某種真實世界不曾出現的輪盤，其中紅格多於黑格。

各 1/3 的機會；如果有人誠摯信任輪盤製造商的品德，就可能分別給偏黑與偏紅各 1% 的機率。

　　然而事前機率並不是固定不動的。假如新的證據有利於某一種理論，譬如小球連續五次落入紅格，我們對各理論的信心程度會相應改變。以目前的例子來說，它會如何改變呢？我們最好多計算幾個條件機率，並且畫大一點的方塊圖來找出解決辦法。

　　旋轉輪盤五次得到 RRRRR 的機率有多大？答案跟哪個理論為真有關。在公平理論之下，每次旋轉有 1/2 機會落進紅格，所以得到 RRRRR 的機率是：

$$(1/2) \times (1/2) \times (1/2) \times (1/2) \times (1/2) = 1/32 = 3.125\%$$

換句話說，RRRRR 跟其他 31 種可能結果出現的機率相同。

　　但是假如偏黑為真，則每次旋轉出現紅格的機會就只會有 40%，也就是 0.4。於是得到 RRRRR 的機率等於：

$$(0.4) \times (0.4) \times (0.4) \times (0.4) \times (0.4) = 1.024\%$$

假如偏紅為真，則每次旋轉出現紅格的機會就增加為 60%，於是得到 RRRRR 的機率等於：

$$(0.6) \times (0.6) \times (0.6) \times (0.6) \times (0.6) = 7.76\%$$

現在我們把方塊圖由三格擴充到六格：

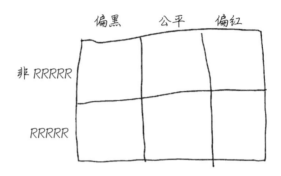

三欄仍然對應於偏黑、公平、偏紅三個理論，不過我們現在把每一欄分割成兩個方格，一格對應於 RRRRR，另一格則對應非 RRRRR。我們其實已經算好了每個格子裡該放什麼數字。例如，公平是正確理論的事前機率為 0.9，所以在公平理論正確，並且小球屬於 RRRRR 的機率，應該是 0.9 的 3.125%，也就是 0.9 × 0.03125，約等於 0.0281。至於「公平理論為真，但不是 RRRRR」的格子裡則應填入 0.8719，使得公平那欄加起來等於 0.9。

小球屬於偏紅那欄的事前機率為 0.05。所以偏紅理論為真，並且轉出 RRRRR 的機會是 5% 的 7.76%，也就是約 0.0039。於是「偏紅理論為真，但不是 RRRRR」的方格就該寫進 0.0461（偏紅這欄加起來要等於 0.05）。

偏黑理論的事前機率也是 0.05，不過這個理論有些不看好 RRRRR，因此偏黑理論為真，且小球屬於 RRRRR 的機率是 5% 的 1.024%，約等於 0.0005。

下面是寫好數字的方塊圖：

	偏黑	公平	偏紅
非 RRRRR	.0495	.872	.0461
RRRRR	.0005	.028	.0039

（請注意六個小方格的數字加起來等於 1，這是本來該有的現象，因為它們代表了所有可能的情形。）

如果旋轉輪盤真的得到 RRRRR，那我們的理論該怎麼辦呢？對於偏紅理論來說應該是好消息，對於偏黑理論來說則應該是壞消息。連續落入五次紅格，表示在六格方塊圖的底下一列，屬於偏黑的是 0.0005，屬於公平的是 0.028，屬於偏紅的是 0.0039。換句話說，我們已知看到 RRRRR 後，判斷公平理論為真的機率，相當於偏紅理論為真的七倍；而偏紅理論為真的機率，幾乎是偏黑理論為真的八倍。

假如你想把那些倍數轉化為機率，只需要記住所有機率的總和必須為 1。方塊圖最底下那列的數字加總約等於 0.0325，如果想在保持原來比例的狀況下，讓那些數字的總和為 1，我們可以把每個數除以 0.0325，得到：

偏黑理論為真的機率為 1.5%

公平理論為真的機率為 86.5%

偏紅理論為真的機率為 12%

　　相信偏紅理論為真的程度超過原先的兩倍了，而相信偏黑理論為真的程度，則幾乎清洗一空。這本來就是很合宜的調整！畢竟連續落入五次紅格，難道不該懷疑輪盤遭人動了手腳嗎？

　　「把每個數除以 0.0325」的步驟，看起來似乎是專門為此設計的花招。然而它確實是正當步驟。倘若你的直覺還沒能馬上接受的話，下面是另一個比較能理解的例子。想像有一萬台輪盤，也有一萬間房間，每間房間裡有一台輪盤，每台輪盤有一位玩家。玩家之中有一位就是你，而且你正在下注。但是你並不知道輪盤的真正性質為何。你的無知狀態可以模擬如下：假設一萬台輪盤中，五百台偏黑，五百台偏紅，而有九千台是公平的。

貝氏推論看輪盤

　　我們前面做過的計算，告訴你應該要預期有 281 台公平輪盤、39 台偏紅輪盤、5 台偏黑輪盤會轉出 RRRRR。假設你真的轉出了 RRRRR，雖然仍不清楚自己置身哪間房，但至少把範圍大幅縮小了。你現在很清楚，自己位在連續五次紅格的 325 間房間之一，而這些房間之中，有 281 間（約占 86.5%）放了公平的輪盤，39 間（約 12%）放了偏紅的輪盤，只有 5 間（約 1.5%）放了偏黑的輪盤。

　　小球落入紅格愈多次，你就愈傾向偏紅理論，而愈不信任偏

黑理論。假如你連續十次看到小球落入紅格，而不是只有五次，同樣的計算，會使你估算偏紅的機會提升到 25%。

我們剛剛做的事，就是在計算連續五次出現紅格時，對於各個理論的信心該如何調整，也就是所謂「事後機率」。正如事前機率描述看到證據前的信心，事後機率描述的是看過證據後的信心。我們現在做的是貝氏推論（Bayesian inference），因為從事前到事後機率的計算，是根據機率理論中的一條古老公式：貝氏定理（Bayes's Theorem）。公式是簡短的代數表現式，雖然我可以馬上寫出來給你看，但我不想這麼做。因為如果不動腦思考情境，只是機械的套公式，你會搞不清事物發生的道理。在目前的情況下，你需要知道的訊息都能從方塊圖看出來。*

事後機率不僅受到手邊證據的影響，也同樣會受事前機率影響。多疑的人剛開始時，會給偏黑、公平、偏紅理論各 1/3 的事前機率，但如果球接連落入紅格五次，他認為偏紅理論為真的事後機率，會轉為 65%。而起初認為偏紅理論有 1% 機率為真的人，在看到球連續五次落入紅格後，繼續相信偏紅理論為真的機率，也只不過提升成 2.5% 而已。

在貝氏的架構裡，當你看過證據後，仍繼續相信某事的程度，不光由找到多少證據來決定，也取決於你一開始的相信程度。

---

* 當然，如果我們現在處理的是真實問題，就必須考慮不只三個理論了。我們應該考慮輪盤傾向出現紅格的比率是 55%、或 65%、或 100%、或 93.756%，等等各種各樣的可能性。其實會有無窮多個潛在理論，科學家針對生活裡的真實問題執行貝氏計算時，還得對付無窮大與無窮小，要計算積分而非僅求和。但複雜的僅僅是技術問題，基本過程並不會比我們講過的更深奧。

偏見有道理

這看起來好像有點令人困惑。科學不應該是客觀的嗎？你會覺得我們對某事的信心，應該純粹基於證據，而不應該基於既有概念。讓我們面對真實狀況吧，沒有人是在毫無先入為主的概念下相信任何事的。如果把某種成藥略加調整，顯示出能降低癌症的惡化程度，而且實驗結果又具統計顯著性，你大概會很有信心的認為新藥有效。但如果你把病人放在塑膠巨石陣裡，得到同樣的實驗結果，你會勉強接受這是遠古石陣把能量聚焦到病人身上，壓制住了癌症嗎？你不會，畢竟這太匪夷所思了。你會認為巨石陣的實驗結果不過是巧合。因為你對兩種理論持有不同的事前機率，因此即使證據數值相同，你對它們的解釋還是會不同。

這有點像臉書尋找恐怖份子的演算法與你鄰居的例子。鄰居的名字出現在名單上，他確實有可能是潛在的恐怖份子。但因為絕大多數人不是恐怖份子，所以你對這個假設的事前機率應該非常低。於是即使發現證據，你的事後機率仍然極低，因此不需（至少不應）提心吊膽。

全然仰賴虛無假設檢定，是非常不貝氏的做法。嚴格來講，虛無假設檢定，要我們把癌症新藥與塑膠巨石陣等量齊觀。如此看來豈不給費雪的統計觀打臉？恰恰相反，當費雪說：「科學工作者，不會年復一年都根據同一個顯著性標準來否決假設。針對每一種個別情況，他會參照證據與當下的想法，用心考量。」他的意思正是說，科學推論不能（或至少不該）純粹機械性的運行，我們原先就有的知識與信念，永遠必須准予參與其中。

費雪並不是貝氏統計學之流。今日所謂的貝氏統計學，意指統計學裡某類實作與概念的集叢。它曾經不受重視，現在反成主流。這個派別並不只是簡單的把先前的信念與當下的證據一起考量。在各種推論裡常會見到貝氏統計的蹤跡，就像機器透過大量的人類輸入資料學習時，就相當不適合用費雪的設定（是或非）做為判斷依據。事實上，貝氏統計學家常常不會想到要用虛無假設，他們不直接問「新藥有無效果？」而更喜歡建立具預測功能的模型，針對不同用藥量及實驗對象，做出較佳推斷。如果他們真的用上假設（譬如，假設新藥的效果比成藥好），他們會比較舒坦的討論該項假設為真的機率。費雪不會這樣做。在他的觀點裡，只有在真正倚賴機率事件的脈絡裡，使用機率語言才算恰當。

到此地步，我們面臨了廣袤的哲學難題之海；但別怕，我們最多只會沾濕一、兩根腳趾。

大數法則與貝氏推論

首先，我們既然把貝氏定理稱為定理，就意指我們正在討論已經通過證明，且不可逆轉的真理。不過這種說法既對也不對，這個難題的核心在於，我們所謂的「機率」到底是什麼意思？當我們說偏紅機率為真的機率有 5%，我們的意思可能是說，在全球存有極龐大的輪盤樣本，其中每二十台裡有一台，每轉五次裡有三次，小球都偏向落入紅格。而我們手邊的那台輪盤，是從全球所有輪盤裡，以純隨機的方式挑中的。假如這就是我們真正的意思，那麼貝氏定理也沒什麼神奇之處，類似我們第 9 章所述的

大數法則。在我們先前設定的條件下，最終出現 RRRRR 的輪盤裡，有 12% 來自會偏向紅格的那類。

然而這並非我們談論的實況。當我們說偏紅理論為真的機會有 5%，我們陳述的情況並不涉及全球不公正輪盤的分布（我們怎麼會知道呢？），而是涉及我們的信念。5% 代表的是，我們相信眼前這台輪盤偏紅格的程度。

順便一提，費雪完全不能接受這種觀點。他嚴厲發文批判凱因斯（John Maynard Keynes）的書《機率論》（*Treatise on Probability*）。該書認為機率是「證據當前時，量度對命題『合理相信』的程度。」費雪在結尾語中對於這種觀點的評價有相當好的總結：「如果凱因斯書中最後一節的觀點，為本國數學界接受，並成為範本，學子恐怕會心感厭惡，甚至大多數會在茫然無知中，放棄了一門最有前途的應用數學。」

對願意接受機率就是信念程度的人來說，貝氏定理不僅僅是數學公式，也提供了經過數字包裝的建議。它給我們一條規則，告訴我們當新的觀察結果出現後，該如何修飾對事物原有的信念。我們可以遵循這個規則，也可以不遵循這個規則。貝氏定理的形式既新穎又廣義，自然成為尖銳爭議的主題。鐵桿貝氏學派的人認為，我們對事物的相信程度，都應該經由嚴格的貝氏計算後才形成（至少在我們認知能力範圍內嚴格程度）。此派之外的人則認為，貝氏規則不過是寬鬆的定性指導方針。

貝氏觀點能夠解釋，為什麼我們覺得 RBRRB 是隨機的，而 RRRRR 則否，儘管兩者出現的機率相等。當我們看到 RRRRR 時，會進一步加強輪盤被動過手腳的理論，以及原先已經抱持的

事前機率。那麼 RBRRB 的情況又如何？你可以想像有人想像力極為豐富，認為輪盤裝置了一系列的複雜機關，使紅、黑、紅、紅、黑的結果更容易出現，這種想法有何不可？於是當 RBRRB 出現時，他就會認為這種理論的可信度上升了。

　　然而一般人看到輪盤轉出紅、黑、紅、紅、黑，並不會把事情想得這麼複雜。我們不會把每個符合邏輯的無謂理論都納入考慮。我們的事前機率並不平整，而是高低起狀。對於少數理論，我們持有的信心非常強；但對於輪盤裝了複雜機關的這類理論，我們則認為機率近乎零。為什麼我們會特別鍾愛某些理論呢？這是因為我們傾向選擇簡單的理論，而非複雜的理論；傾向選擇能用目前知識解釋的理論，而非以全新現象才能解釋的理論。這種態度看起來有些偏見，不甚公允，但如果毫無偏見，我們就有可能走在一條充滿驚險的路上。

　　費曼（Richard Feynman）有一段敘述，把這種心態描繪得很生動：

　　今晚我碰到一件非常神奇的事。當我穿過停車場來這裡上課時，你不會相信我遇到了什麼。我看到一輛車，車牌號碼是 ARW 375。美國的車牌號碼高達幾百萬，你能想像今晚碰巧遇上這號碼的機率是多少嗎？這太神奇了！

理論也該有差別待遇

　　如果嗑過迷幻藥，就會知道事前機率太平整的後果。你會把

碰上的每個刺激，不管有多平淡無奇，都賦予強烈的意義。每一次的體驗都緊緊抓住了你的注意力，強迫你不得忽視。這種心靈狀態雖然有趣，但是對於做出好的推論卻沒什麼助益。

貝氏的觀點可用來解釋，為何費曼並沒有真的覺得很神奇，那是因為，對於是某種宇宙力量造成那晚看到 ARW 375 車牌的假設，費曼給的事前機率非常低。這也解釋了為什麼 RRRRR，比 RBRRB 感覺起來「更不隨機」。那是因為前者啟動了偏紅理論，而我們給了它不容忽略的事前機率，我們對於 RBRRB 卻沒有這樣做。以 0 結尾的數字，看起來比以 7 結尾的數字更不隨機，那是因為前者看起來比較像估計的數目，而不是精確的計數。

貝氏架構也能幫我們解開先前的某些困惑。當樂透連續開出兩次 4, 21, 23, 34, 39 時，我們為什麼會大感意外而起疑心？如果開出 4, 21, 23, 34, 39 之後，隔天開出 16, 17, 18, 22, 39，我們就不覺得有什麼奇怪，其實前後兩組號碼出現的機率都相等。但因為我們腦中隱藏著某種理論，認為樂透是受了某種不尋常原因影響，才連續兩期開出同樣號碼。你認為可能是樂透當局動了手腳，或宇宙神祕力量左右了結果，哪種原因都無所謂。你不一定非常相信這些理論，也許你心裡在想，也許真有十萬分之一的機會，會重複出現同組號碼。這個事前機率雖小，但比起「開出 4, 21, 23, 34, 39 後，必定開出 16, 17, 18, 22, 39」的陰謀論，你反而會給後者更渺小的事前機率，因為這個理論實在太扯，只有嗑了藥才會想去理它。

如果你發現自己有點相信某個瘋狂理論，也不必擔憂，或許

你會碰到與它矛盾的證據，使你相信的程度下降，直到跟別人同步為止。如果那個瘋狂理論在一路過濾後仍存活下來，那麼很可能是陰謀理論上場了。

假設你從可靠的朋友那邊聽到，波士頓馬拉松爆炸案其實是政府自導自演的，目的是為了擴大國安局的監聽措施。先把這個理論稱為 T 理論好了。因為信任朋友，因此你一開始給了 T 較高的事前機率，假設是 0.1 好了。然而當你接到後續訊息，如警察確認嫌犯所在、嫌犯的自白等等。這些新訊息都削減了你對 T 的相信程度，一直到你不再把它當回事為止。

正是因為如此，你的朋友不會只給你 T 理論，而是把它再加上 U 理論才給你。U 理論認為，政府跟媒體狼狽為奸，報紙與電視的功用在於灌輸錯誤訊息，讓人以為始作俑者是伊斯蘭激進份子。聯合理論 T＋U 一開始的機率應該很小，從定義來看，它會比 T 還難獲信，因為這要你同時吞下 T 理論以及 U 理論。但是當警方的證據持續出現後，T 理論愈來愈趨於衰亡，* 然而聯合理論 T＋U 卻毫髮無傷。嫌疑犯查納耶夫（Dzhokhar Tsarnaev）已經定罪了，你怎麼看？哼！那根本在意料之中，法庭還能幹出什麼來，不就是聽命司法部辦事嗎？U 理論的角色如同 T 理論的貝氏保護殼，以免新證據讓它陣亡。大多數成功的離奇怪論都有這個特點，身上包覆著恰到好處的保護殼，讓許多觀察結果不至於與它直接發生衝突，從而難以讓它們落馬。它們就像是資訊生態系統裡的多重抗藥性大腸桿菌，你不得不讚歎它們的怪異本領。

---

* 更精確的講，愈來愈趨於衰亡的是「T＋非 U」。

最乾淨的髒鬼

我在念大學的時候，有一位同學頗有生意頭腦，每當學年開始時，他會向新生兜售 T 恤賺點外快。那個時代，你可以用一件 T 恤四塊美金的價錢，從染印場買來大批 T 恤，但在校園裡販賣的價格大約是一件十塊美金。那是 1990 年代初期，很流行在派對時，頭戴《魔法靈貓》（*Cat in the Hat*）裡的貓咪帽子。* 所以我的朋友搞到八百塊美金，印了兩百件靈貓手拿啤酒杯的 T 恤。那些 T 恤賣得超好。

我的朋友雖然有生意頭腦，卻不是那麼有做生意的勁頭。他其實有點懶，一旦賣掉八十件 T 恤撈回本錢，就不想耗上整天在校園廣場叫賣。於是裝 T 恤的紙箱就擺進了床底下。

一星期之後，到了該洗衣服的日子了。他有點懶，懶到不想洗衣服，然後他想起來床下還有一箱乾淨、全新的靈貓 T 恤，洗衣服的問題自然迎刃而解。

當然洗衣日隔天的問題也解決了。

如此類推。

最諷刺的是，身邊的人都認為我朋友是學校裡最髒的人，因為他每天都穿同一件 T 恤。但事實上他是學校裡最乾淨的人，因為他每天都穿全新的 T 恤來上課！

這個故事對於推論有何啟示呢？這告訴我們，要慎重考慮我們選擇的理論。就像二次方程不只一個解，能解釋同樣觀察結果

---

* 真的，不開玩笑，就是那麼流行。

的理論，也可能有很多個。假如你不把它們都考慮進去，推論就會帶領我們誤入歧途。

由此，我們再回到宇宙創造者的問題。

最有名的上帝創世論是所謂的設計論。用最簡單的說法來講，這種論證要你四下環顧，每件事物都如此複雜與神奇……哇塞，你還會認為，世間萬物只是傻氣的靠機運跟物理定律湊到一塊兒的嗎？

如果更正經些的說，開明的神學家培里（William Paley）在 1802 年的《自然神學：從自然表象蒐集神存在的證據》裡講過：

> 我走過曠野時如果踢到石頭，若有人問起石頭怎麼會在那兒，我恐怕只能回答說，它從以前就一直躺在那兒。這種回答，很難說它荒謬。但如果我在地上發現手錶，而有人問起手錶怎麼會在那兒時，我就很難再用上面的答案回答，我不能說手錶一直在那兒……我們無可避免會推論出，手錶必然有製造者。曾經在某時某地，有一名或好幾位巧手鐘錶匠，製造出了這只手錶。這也就回答了「它的構造是誰想出來的，功能是誰設計出來的」這類問題。

如果這種推論適用於手錶，那麼松鼠、人眼及人腦，不就更適用了嗎？

培里的書非常暢銷，十五年間刷了十五個版次。達爾文在大學裡精讀過它，日後曾說：「我對書本的愛，從來沒有一本勝過培里的《自然神學》，我以前幾乎能整本背下來。」培里的論證經

過改良後，形成現代智慧設計論的骨幹思想。

其實，這只不過是典型的歸謬法：

假設沒有上帝，人類這樣的複雜生物就不太可能會出現。

人類確實出現了。

所以不太可能沒有上帝。

這很像聖經密碼用過的論證；假設上帝沒有授予《妥拉》，我們就不太可能在經卷裡發現拉比的生日！

我老是說，歸謬法並不總是對的，你現在可能也聽煩了。假如我們真心要計算出一個數值，表示我們對上帝創世的信心程度，最好再畫一個貝氏方塊圖。

我們碰上的頭一個難題，在於了解事前機率。這非常傷腦筋。在輪盤的例子裡，我們的問題是：在轉動輪盤之前，我們認為輪盤被動過手腳的可能性有多少？但現在我們要問的是：在不

知道宇宙、地球、甚至人類存在的情況下，我們認為上帝存在的可能性有多少？

到此，通常只能舉雙手投降，然後搬出好聽的「無差異原則」（principle of indifference）。既然沒有合適立場假裝不知道自己存在，我們就把事前機率平均分配：50% 給「有上帝」，50% 給「無上帝」。

假如無上帝為真，人這種複雜生物必須純粹靠機運產生，也許再加一點天擇。無論是哪個時代的設計論者，都會認為這種狀況的可能性極低；讓我們估個數字，就算十億個十億分之一吧！所以右下角小方格裡的數字，應該是十億個十億分之一的 50%。

那麼假如上帝為真又如何？神的能力超越想像，我們事先無法知道創造宇宙的上帝會不會想創造人類（或者任何會思考的生物）。然而，既然配得上上帝之名，應該有能力搞出智慧生命才對。如果真有上帝，則祂創造出我們的機會可能有百萬分之一。

於是方塊圖看起來應該如下：

	有上帝	無上帝
我們不存在		
我們存在	兩百萬分之一	十億個十億分之一的一半

到此我們來檢驗一下證據。既然我們存在，那麼真相就會落在底下這一列。但顯然有上帝格子裡的發生機率，遠比無上帝格子裡的還要多很多，有一兆倍之多！

這就是培里「設計論」的本質，只不過用現代的貝氏語言表示出來。有眾多堅實的論證反對設計論，也有多得不得了的書勸你：「應該跟我一樣，做一個頭腦清醒的無神論者。」你可以從這些書中讀到那些論證。此處我只講跟數學相關的一套：「學校裡最乾淨的人」論證法。

福爾摩斯沒告訴你的事

你也許聽過福爾摩斯對推論的看法，他說過最有名的就是下面這段話：「我有這麼一條座右銘：當你把不可能都排除後，不管剩下來的可能性看起來多麼低，必然是真相。」

聽起來很酷、很合理、無可爭議吧？

不過這沒有把完整的故事說出來，福爾摩斯應該像下面這樣說：「我有這麼一條座右銘：當你把不可能都排除後，不管剩下來的可能性看起來多麼低，必然是真相。除非真相是你從來沒想過的假設。」

讓我們講得更準確些，而不要過分精簡。推論我朋友是學校最髒的人，其實只考慮了兩個假設：

清潔：我朋友就跟一般人一樣，等髒衣服洗乾淨後再穿。
骯髒：我的朋友是只穿髒衣服的髒鬼。

　　你可以先從設定事前機率開始。以我大學生活的記憶為準，分配 10% 的機率給骯髒會恰如其分。但其實事前機率設多少都沒關係，因為每天看到我朋友穿同樣的 T 恤，應該會把清潔給排除掉。此時福爾摩斯彷彿在耳邊說道：「當你把不可能都排除後……」

　　但是等一下，福爾摩斯！事實的真相，也就是「懶人」理論，根本沒有列在你的假設表中啊！

　　設計論也有類似的毛病。倘若你只能接受沒上帝與有上帝兩個假設，那麼無比複雜的生命萬象，很有可能被當成有利於有上帝的證據，用來推翻無上帝的理論。

　　但是明明就有別的可能性啊！多神理論又如何呢？我們的世界是一群神祇彼此吵來吵去，匆匆忙忙拼湊出來的。有很多文明就相信這種創世觀。你不能否認大自然裡有些特徵（我想到大熊貓），比較像是各方神祇間爭執後的妥協結果，而不像單一全知全能神的心靈造詣。如果我們一開始，就給有上帝與多神理論同樣的事前機率，我們何不也訴諸無差異原則？那麼貝氏推論會導引我們相信多神理論更勝於有上帝。*

　　還不只這樣呢，編織創世故事的方法不勝枚舉。SIMS 理論也頗受人支持。這個理論認為我們根本不是真正的人類，而是別種人類用超級電腦模擬出來的玩意兒。† 這聽起來雖然很古怪，但有不少人把這種想法當回事，牛津大學的哲學家波斯托姆

---

* 培里自己也很清楚這個問題。請注意他的說法：「一名或好幾位巧手鐘錶匠。」
† 那種人類，當然也可能是更高層次人類用電腦模擬出來的。

（Nick Bostrom）就是著名的支持者。從貝氏的立場來看，似乎也沒有理由不能這麼想。我們很喜歡建構程式來模擬真實世界。如果人類沒有滅亡，我們模擬的能力照理說會慢慢增強，有一天能模擬出具有意識、甚至自以為是人類的物件，這種想法也不能說是全然瘋狂的。

假設 SIMS 為真：我們生存的世界，其實是另一個真實世界的人模擬出來的，那麼在這個模擬宇宙中，人類存在的機會相當大，因為人類最喜歡模擬的就是人類！技術更先進的人類模擬出的世界將包含（模擬的）人類，我認為這件事近乎必然（為了方便起見，就讓我們說是絕對的必然）。

如果我們把目前為止遭遇的四個創世假設，分別賦予 1/4 的事前機率，方塊圖就如下面所示：

	有上帝	無上帝	多神	模擬
我們 不存在				
我們 存在	四百萬 分之一	十億個十億 分之一的四 分之一	$\frac{1}{400,000}$	$\frac{1}{4}$

既然我們存在，真理必然落在最底下這列，其中模擬那格的機率最大，幾乎獨占了所有的發生機率。是的，人類存在的事實，可以當成是上帝創世的證據，但是我們的世界有更高的機率，是模擬自更聰明人類的電腦程式。

「科學創世論」的信徒主張，我們應該在課堂裡論證創世設計者的存在，倒不是因為《聖經》這麼說（在課堂上宣揚《聖經》會惹上違反美國憲法的麻煩），而是有合理且算計過的理由：因為在沒有神的假設下，人類能存在的機率實在太小太小。

但如果我們認真照這個方向前進，可能得跟學生說以下的話：「有些人論證地球生命太過複雜，極不可能在沒有外界干預下，純粹從天擇中生成。目前為止對世界最可能的解釋，是我們並非實體，而是由超先進技術產出的模擬物，雖然我們並不知道模擬的真正目的為何。另外也有可能是類似古希臘神祇的眾神創造了我們。甚至有人相信是單一的上帝創造了宇宙，不過支持這個假設的證據遠弱於其他假設。」

想想看教育局有何反應？

得趕快表態一下，其實我不真的認為這是證明我們都是模擬物的好論證，就像我不認為培里的說法是支持神祇存在的好論證。我有點不安的認為，之所以會有這些論證法，其實是因為我們已經走到量化推論的盡頭。我們習慣用數字來表示某些事物的不確定性，有時這樣做確實有道理。晚間新聞的氣象主播預告：「明天下雨的機會有 20%。」他的意思其實是說，如果用大量與今天條件近似的日子當樣本，其中有 20% 的日子，隔日會下雨。但是當我們說：「上帝創造宇宙的機率有 20%。」到底是什麼意思呢？不可能是指每五個宇宙中有一個是上帝創造的，其他的都是自己冒出來的。說真話，我還沒看過一種方法，能對這類終極問題的不確定性，分配令人滿意的數字。即便我是這麼的愛數字，我還是認為，人應該明確的說「我不信上帝」，或「我相信

上帝」，或甚至「我不確定」。即便我是這麼的愛貝氏推論，我還是認為，人最好用非量化的方式，支持或放棄他們的信仰。對於這個議題，數學最好還是保持沉默。

倘若你不吃我這一套，看看十七世紀數學家兼哲學家巴斯卡（Blaise Pascal）怎麼說。他在《沉思錄》（*Pensées*）一書中說道：「『有上帝，無上帝』，我們該傾向哪一邊呢？理性在此處無濟於事。」

在這個議題上，巴斯卡其實有更多想法。《數學教你不犯錯》下冊的第 11 章，我們還會再回到他的思想，不過我們會先談談樂透！

書末注釋

前言：什麼時候用得到數學？

8: 沃德於 1902 年出生：有關沃德的生平，採自 Oscar Morgenstern, "Abraham Wald, 1902-1950," *Econometrica* 19, no. 4（Oct. 1951）: 361-67.

9: 統計研究組：相關歷史資料採自 W. Allen Wallis, "The Statistical Research Group, 1942-1945," *Journal of the American Statistical Association* 75, no. 370（June 1980）: 320-30.

10:「只要我們做出建議」：同上，第 322 頁。

10:「最突出的一群統計學家」：同上，第 322 頁。

11: 在 SRG 盛傳的一則笑話：同上，第 329 頁。

11: 現在問題來了：我從 Howard Wainer 的書 *Uneducated Guesses: Using Evidence to Uncover Misguided Education Policies*（Princeton, NJ: Princeton University Press, 2011）讀到沃德與彈孔不見了的故事，Wainer 把沃德的洞識用到從教育方面得來的複雜度相類似的不完整統計數據。

13: 在韓戰與越戰中：Marc Mangel and Francisco J. Samaniego, "Abraham Wald's Work on Aircraft Survivability," *Journal of the American Statistical Association* 79, no. 386（June 1984）: 259-67.

13:「最抽象的」：Jacob Wolfowitz, "Abraham Wald, 1902-1950," *Annals of Mathematical Statistics* 23, no. 1（Mar. 1952）: 1-13.

14: 2006 年「博學財務」（Savant Capital）公司的一項研究報告：Amy L. Barrett and Brent R. Brodeski, "Survivor Bias and Improper Measurement: How the Mutual Fund Industry Inflates Actively Managed Fund Performance," www.savantcapitl.com/uploadedFiles/Savant_CMS_Website/Press_Coverage/Press_Releases/Older_releases/sbiasstudy[1].pdf（accessed Jan. 13, 2014）.

15:《財務評論》在 2011 年發表一次相當廣泛的研究：Martin Rohleder, Hendrik Scholz, and Marco Wilkens, "Survivorship Bias and Mutual Fund Performance: Relevance, Significance, and Methodical Differences," *Review of Finance* 15（2011）: 441-74; 請看表格。我們把每月獲利率改成每年獲利率，造成內文裡的數字與圖表裡的數字不相符。

16: 沃德的原始論文：Abraham Wald, A Method of Estimating Plane Vulnerability Based on Damage of Survivors（Alexandria, VA: Center for Naval Analyses, repr., CRC 432, July 1980）.

23: 每一條都足以做為一本書的主角：對於黎曼假設我喜歡下二書 John Derbyshire, *Prime Obsession* 與 Marcus du Sautoy, *The Music of the Primes*。至於哥德爾定理當然有 Douglas Hofstadter, *Gödel, Escher, Bach*，公平來說，只在冥思藝術、音樂、邏輯裡的自我指謂時，略微觸及此定理。

第 1 章：要變得更像瑞典嗎？

28: 一篇部落格文章，題目相當煽動：Daniel J. Mitchell, "Why Is Obama Trying to Make America More Like Sweden when Swedes Are Trying to Be Less Like Sweden?" Cato Institute, Mar. 16, 2010, www.cato.org/blog/why-obama-trying-make-america-more-sweden-when-swedes-are-trying-be-less-sweden（accessed Jan. 13, 2014）.

31:「凡事都有中庸之道」：Horace, Satires 1.1.106, trans. Basil Dufallo, in "Satis/Satura: Reconsidering the 'Programmatic Intent' of Horace's Satires 1.1," *Classical World* 93（2000）: 579-90.

33: 政府總是會有些稅收：拉弗總是交代得很清楚，拉弗曲線並非他發明的；凱因斯瞭解這件事也寫得很清楚，基本的概念（至少）可以回溯到十四世紀的歷史學家 Ibn Khaldun。

34:「愛迪生古怪」：Jonathan Chait, "Prophet Motive" *New Republic*, Mar. 31. 1997.

35:「然後他可以談論六個月」：Hal R. Varian, "What Use Is Economic Theory?"（1989）, http://people.ischool.berkeley.edu/~hal/Papers/theory.pdf（accessed Jan. 13, 2014）.

35: 進入賺大錢的電影圈：David Stockman. *The Triumph of Politics: How the Reagan Revolution Failed*（New York: Harper & Row, 1986）, 10.

36: 後續的歷史並沒有支持拉弗的推測：N. Gregory Mankiw, *Principles of Microeconomics, vol. 1*（Amsterdam: Elsevier, 1998），166.

38: 評價供給面理論的酸文：Martin Gardner. "The Laffer Curve," *The Night ls Large: Collected Essays, 1938-1995*（New York: St. Martin's, 1996），127-39.

38: 國會聽證會上作證：於 1978 年 Kemp-Roth 減稅法案聽證會。

第 2 章：局部平直，大域彎曲

43: 極少數會穿褲子的古希臘人之一：Christoph Riedweg, *Pythagoras: His Life, Teaching, and Influence*（Ithaca, NY: Cornell University Press, 2005），2.

51:「消散量的鬼影」：George Berkeley. *The Analyst: A Discourse Addressed to an Infidel Mathematician*（1734），ed. David R Wilkins, www.maths.tcd.ie/pub/HistMath/People/Berkeley/Analyst/Analyst.pdf（accessed Jan. 13, 2014）.

53: 大部分人如果非得給答案：David O. Tall and Ralph L. E. Schwarzenberger, "Conflicts in the Learning of Real Numbers and Limits," *Mathematics Teaching* 82（1978）：44-49.

55: 2 進數制：在柯西的理論裡，級數收斂到極限 x 的意思是說，當我們加進去愈來愈多項後，總和就愈來愈接近 x。這裡需要我們先在心裡想好，什麼叫做兩個數彼此「接近」。我們熟悉的彼此接近的概念，並不是唯一的想法！在 2 進數制的世界裡，說兩數接近的意思是它們的差是 2 的很大冪次的倍數。當我們說級數 1 + 2 + 4 + 8 + 16 +……收斂到 -1，意思是說部分和 1, 3, 7, 15, 31,……愈來愈接近 -1。以平常「接近」的意義來看，這不能為真；但是用 2 進數制故事就是另外一種講法了。31 與 -1 相差 32，也就是 2^5，會是很小的 2 進制數。再多加幾項，你就得到 511，它與 -1 相差 512，（在 2 進制數裡）差值更小。大部分你所知的數學——微積分、對數、指數、幾何——都有 2 進制數的版本（甚至對於任何質數 p，有 p 進制數的版本），所有這些不同的接近概念之間的互動，自有一套瘋狂而榮耀的故事。

57: 包括義大利士兼數學家格蘭迪：有關格蘭迪及其級數的資料多採自 Morris Kline. "Euler and Infinite Series." *Mathematics Magazine* 56, no. 5（Nov. 1983）：307-14.

62: 柯西只對真理感興趣：柯西微積分課的故事採自 Amir Alexander 的 *Duel at Dawn*，是一本非常引人入勝講述十九世紀初數學與文化互動歷史的書。對

於柯西的方式是否夠現代化，有一種略微不同的看法請參閱 Michael J. Barany, "Stuck in the Middle: Cauchy's Intermediate Value Theorem and the History of Analytic Rigor," *Notices of the American Mathematical Society* 60. no. 10（Nov. 2013）: 1334-38.

第 3 章：每個人都肥胖

63:《肥胖》期刊上的一篇論文：Youfa Wang et al., "Will All Americans Become Overweight or Obese? Estimating the Progression and Cost of the US Obesity Epidemic," *Obesity* 16, no. 10（Oct. 2008）: 2323-30.

63:「肥胖災難」：abcnews.go.com /Health/Fitness/story?id=5499878&page= 1.

63:「我們愈來愈肥了」：*Long Beach Press-Telegram*, Aug. 17, 2008.

64: 我們不會全都變得超重：我對王友發等人關於肥胖研究的討論，大體符合這篇在我寫完本章之後才讀到的文章：Carl Bialik, "Obesity Study Looks Thin"（Wall Street Journal, Aug. 15, 2008）。

65: 北卡州就業資源網路：數字原採自 www.soicc.state.nc.us/soicc/planning/c2c.htm.，不過現在已經從網頁中拿掉了。

75: 已經開始減緩：Katherine M. Flegal et al., "Prevalence of Obesity and Trends in the Distribution of Body Mass Index Among US Adults, 1999-2010," *Journal of the American Medical Association* 307, no. 5（Feb. 1, 2012）, 491-97.

第 4 章：相當於死了多少美國人？

77:「以色列軍方報導」：Daniel Byman, "Do Targeted Killings Work?" *Foreign Affairs* 85, no. 2（Mar.-Apr. 2006）, 95.

77:「按照比例來算，相當於」:" Expressing Solidarity with Israel in the Fight Against Terrorism," H. R . Res. 280, 107th Congress（2001）.

77: 金瑞契：本章某些部分改寫自我的文章" Proportionate Response," *Slate*, July 24, 2006.

77:「以色列每死 8 人」：採自 *Meet the Press*, July 16, 2006, 書面紀錄可見 www.

nbcnews.com/id/13839698/page/2/#.Uf_Gc2TEo9E（accessed Jan. 13, 2014）.

77:「以色列於加薩殺死 1,400 個巴勒斯坦人」：Ahmed Moor, "What Israel Wants from the Palestinians, It Takes," *Los Angeles Times*, Sept. 17, 2010.

78:「約有 45,000 個尼加拉瓜人」：Gerald Caplan, "We Must Give Nicaragua More Aid," *Toronto Star*, May 8, 1988.

78:「相當於 2 千 7 百萬個美國人」：David K. Shipler, "Robert McNamara and the Ghosts of Vietnam," *New York Times Magazine*, Aug. 10, 1997, pp. 30-35.

80: 他們的人口數也居前茅：腦癌數據採自" State Cancer Profiles," National Cancer Institute, http://statecancerprofiles.cancer.gov/cgi-bin/deathrates/deathrates.pl>00&076&00&2&001&1&1&1（accessed Jan. 13, 2014）.

81: 會讓你更有可能或更沒可能得到腦癌：腦癌率的例子受到 Howard Wainer 的書 Picturing the Uncertain World（Princeton, NJ: Princeton University Press, 2009）所啟發，該書處理了各郡的腎臟癌統計，並且比我更加詳細發展了相關觀念。

83: 總共丟了一萬次：John E. Kerrich, "Random Remarks," *American Statistician* 15, no. 3（June 1961）, 16-20.

86: 誰贏了這些競賽？：1999 年成績採自" A Report Card for the ABCs of Public Education Volume 1: 1998-1999 Growth and Performance of Public Schools in North Carolina--25 Most Improved K-8 Schools," www.ncpublicschools.org/abc_results/results_99/99ABCsTop25.pdf（accessed Jan. 13, 2014）.

86: 影響投籃命中率的因素：Kirk Goldsberry, "Extra Points: A New Way to Understand the NBA's Best Scorers," *Grantland*, Oct. 9, 2013, www.grantland.com/story/_/id/9795591/ kirk-goldsberry-introduces-new-way-understand-nba-best-scorers（accessed Jan. 13, 2014），建議一種在投籃命中率之外，更加能量度進攻表現的方法。

86: 由肯恩與史泰格做的研究：Thomas J. Kane and Douglas O. Staiger, "The Promise and Pitfalls of Using Imprecise School Accountability Measures," *Journal of Economic Perspectives* 16, no. 4（Fall 2002），91-114.

88: 我就饒了你：如果你想看百無禁忌的技術性報爆，請參閱 Kenneth G. Manton et al., "Empirical Bayes Procedures for Stabilizing Maps of U.S. Cancer Mortality Rates," *Journal of the American Statistical Association* 84, no. 407（Sept. 1989）: 637-50; 以及 Andrew Gelman and Phillip N. Price, "All Maps of Parameter Estimates Are

Misleading," *Statistics in Medicine* 18, no. 23（1999）: 3221-34）。

90: 警帽：Stephen M. Stigler, *Statistics on the Table: The History of Statistical Concepts and Methods*（Cambridge, MA: Harvard University Press, 1999）, 95.

91: 可計算的公式：例如請參閱 Ian Hacking, *The Emergence of Probability: A Philosophical Study of Early Ideas About Probability, Induction, and Statistical Inference*, 2d ed.（Cambridge, UK: Cambridge University Press, 2006）, ch. 18.

92: 利奧波德王在剛果的戰爭：懷特的數目採自 Matthew White, "30 Worst Atrocities of the 20th Century," http://users.erols.com/mwhite28/atrox.htm（accessed Jan. 13, 2014）.

第 5 章：派餅比盤子還大

95: 最近經濟學家史賓斯（Michael Spence）與赫施瓦約（Sandile Hlatshwayo）發表了一篇論文：A. Micheal Spencer and Sandile Hlatshwayo, "The Evolving Structure of the American Economy and the Employment Challenge." Council on Foreign Relations, Mar. 2011, www.cfr.org/industrial-policy/evolving-structure-american-economy-employment-challenge/p24366（accessed Jan. 2014）.

95: 從《經濟學人》雜誌：" Move Over," *Economist*, July 7, 2012.

95: 柯林頓的新書：William J. Clinton, *Back to Work: Why We Need Smart Government for a Strong Economy*（New York: Random House, 2011）, 167.

96: *ficta*，就是「假貨」：Jacueline A. Stedan, *From Cardano's Great Art to Lagrange's Reflections: Filling a Gap in the History of Algebra*（Zurich: European Mathematical Society, 2011）, 14.

98:「超過 50% 來自我們州」：Milwaukee Journal Sentinel, PolitiFact, www.politifact.com/wisconsin/statements/2011/jul/28/republican-party-wisconsin/wisconsin-republican-party-says-more-than-half-nat（accessed Jan. 13, 2014）.

98:「我們在此地所採取的措施，一定是奏效了」：WTMJ News, Milwaukee, "Sensenbrenner, Voters Take Part in Contentious Town Hall Meeting over Federal Debt, "www.todaystmj4.com/news/loca/l126122793.html（accessed Jan. 13, 2014）.

98: 同月增加了一萬三千：所有就業資料來自 June 2011 Regional and State Employment and Unemployment（Monthly）News Release by the Bureau of Labor Statistics, July

22, 2011, www.bls.gov/news.release/archives/laus_07222011.htm.

99:《紐約時報》有一篇社論：Steven Rattner, "The Rich Get Even Richer," *New York Times,* Mar. 26, 2012, A27.

100: 已經上線方便查閱：elsa.berkeley.edu/~saez/TabFig2010.xls（accessed Jan. 13, 2014）．

101: 發布了一條聲明：Mitt Romney, "Women and the Obama Economy," Apr. 10, 2012, 可見於 www.scribd.com/doc/88740691/Women-And-The-Obama-Economy-Infographic.

102: 在 2009 年 2 月開始統計：此處的計算與論證採自 Glenn Kessler, "Are Obama's Job Policies Hurting Women?" *Washington Post,* Apr. 10, 2012.

103: 既對也錯：同上。

第 6 章：破解聖經密碼迷思

108:「亞伯拉罕斷奶後」：Maimonides, *Laws of Idolatry* 1.2 採自 Isadore Twersky, *A Maimonides Reader*（New York: Behrman House, Inc., 1972），73.

111: 讓斯洛伐克的猶太人可獲緩刑：Yehuda Bauer, *Jews for Sale? Nazi-Jewish Negotiations,* 1933-1945（New Haven: Yale University Press, 1996），74-90.

112: 魏次騰與同事：Doron Witztum, Eliyahu Rips, and Yoav Rosenberg, "Equidistant Letter Sequences in the Book of Genesis," *Statistical Science* 9, no. 3（1994）: 429-38.

113:「審稿人十分困惑」：Robert E. Kass, "In This Issue," *Statistical Science* 9, no. 3（1994）: 305-6.

114:「更讓數學蒙塵」：Shlomo Sternberg, "Comments on *The Bible Code,*" *Notices of the American Mathematical Society* 44, no. 8（Sept. 1997）: 938-39.

118: 這種做法稱為孵化：Alan Palmiter and Ahmed Taha, "Star Creation: The Incubation of Mutual Funds," *Vanderbilt Law Review* 62（2009）: 1485-1534. Palmiter 與 Taha 直接採取巴爾的摩股票經紀人與基金孵化的類比。

118: 跟中等基金的獲利狀況差不多：同上第 1503 頁。

119: 機率約一千分之一，其實沒有那麼神奇：Leonard A. Stefanski, "The North Carolina Lottery Coincidence," *American Statistician* 62, no. 2（2008）: 130-34.

119:「不太可能發生的事，其實發生得不少」：Aristotle, *Rhetoric* 2.24, trans. W. Rhys Roberts, classics.mit.edu/Aristotle/rhetoric.mb.txt（accessed Jan. 14, 2014）.

120:「即使機會是百萬分之一，它還是會出現」：Ronald A. Fisher, *The Design of Experiments*（Edinburgh: Oliver & Boyd, 1935）, 13-14.

121: 麥凱與巴納丹發現：Brendan McKay and Dror Bar-Natan, "Equidistant Letter Sequences in Tolstoy's *War and Peace*," cs.anu.edu.au/~bdm/dilugim/WNP/main.pdf（accessed Jan. 14, 2014）.

121:「同樣相稱」：Brendan McKay, Dror Bar-Natan, Maya Bar-Hinel, and Gil Kalai, "Solving the Bible Code Puzzle," *Statistical Science* 14, no. 2（1999）: 150-73, section 6.

122: 在後續的一篇論文裡：同上。

122: 全版廣告：*New York Times,* Dec. 8, 2010, A27.

123: 魏次騰、芮普斯、羅森堡堅信：請參閱 Witztum 的文章 "Of Science and Parody: A Complete Refutation of MBBK's Central Claim," www.torahcode.co.il/english/paro_hb.htm（accessed Jan. 14, 2014）.

第 7 章：死魚不會讀心

124:「神經基礎」：Craig M. Bennett et al., "Neural Correlates of Interspecies Perspective Taking in the Post-Mortem Atlantic Salmon: An Argument for Proper Multiple Comparisons Correction," *Journal of Serendipitous and Unexpected Results* 1（2010）: 1-5.

125:「成熟的大西洋鮭魚」：同上，第 2 頁。

125: 這個玩笑跟其他玩笑一樣：Gershon Legman, *Rationale of the Dirty Joke: An Analysis of Sexual Humor*（New York: Grove, 1968; repr. Simon & Schuster, 2006）.

126: 連動物都懂：Stanislas Dehaene, *The Number Sense: How the Mind Creates Mathematics*（New York: Oxford University Press, 1997）

133: 寫成暗藏解答的韻文：Richard W. Feldmann, "The Cardano-Tartaglia Dispute," *Mathematics Teacher* 54, no. 3（1961）: 160-63.

139: 業餘數學家：有關阿巴斯諾特的材料採自 Ian Hacking, *The Emergence of Probability*（New York: Cambridge University Press, 1975）第 18 章與 Stephen M.

Stigler, *The History of Statistics*（Cambridge, MA: Harvard University Press/Belknap Press, 1986）第 6 章。

141: 我們的世界非常不可能像現在一樣：有關這種「設計論」包括古典與現代的各種分支，其詳情請參閱 Elliot Sober, *Evidence and Evolution: The Logic Behind the Science*（New York: Cambridge University Press, 2008）.

141:「一般並不認為」：Charles Darwin, *The Origin of Species,* 6th ed.（London: 1872）, 421.

141:「心理學研究的骨幹」：Richard J. Gerrig and Philip George Zimbardo, *Psychology and Life*（Boston: Allyn & Bacon, 2002）.

142:「國王新衣」：David Bakan. "The Test of Significance in Psychological Research," *Psychological Bulletin* 66, no. 6（1966）: 423-37.

143:「有新的證據顯示」：被引用在 Ann Furedi, "Social Consequences: The Public Health Implications of the 1995 'Pill Scare,'" *Human Reproduction Update* 5, no. 6（1999）: 621-26.

144:「政府在星期四發出警告」：Edith M. Lederer, "Government Warns Some Birth Control Pills May Cause Blood Clots," Associated Press, Oct. 19, 1995.

144: 即刻停止服藥：Sally Hope, "Third Generation Oral Contraceptives: 12% of Women Stopped Taking Their Pill Immediately They Heard CSM's Warning," *BMJ: British Medical Journal* 312, no. 7030（1996）: 576.

144: 墮胎數比 1995 年多出 13,600 件：Furedi, "Social Consequences," 623.

144:「恐怕只有一件」：Klim McPherson, "Third Generation Oral Contraception and Venous Thromboembolism," *BMJ: British Medical Journal* 312, no. 7023（1996）: 68.

145: 紐約市立大學的社會學者研究發現：Julia Wrigley and Joanna Dreby, "Fatalities and the Organization of Child Care in the United States, 1985-2003," *American Sociological Review* 70, no. 5（2005）: 729-57.

146: 嬰兒猝死症亡故：所有嬰兒死亡統計資料來自 Centers for Disease Control. Sherry L. Murphy, Jiaquan Xu, and Kenneth D. Kochanek, "Deaths: Final Data for 2010," www.cdc.gov/nchs/data/nvsr/nvsr61/nvsr61/04.pdf.

147: 小說寫作之路上受挫：有關史金納的生平請參閱他的自傳文章 "B. F. Skinner ... An Autobiography" in Peter B. Dews, ed., *Festschrift for BF Skinner*（New York: Appleton-Century-Crofts, 1970）, 1-22，以及他的自傳 *Particulars of My Life,* 特

別是 pp. 262-63.

147:「靜夜裡，他停步」：Skinner, "Autobiography," 6.

148:「一幕短劇」："a one-act play about a quack": 同上，第 8 頁。

148:「作者能成功的因素」：Skinner, *Particulars*, 262.

148:「對文藝的強烈反感」：Skinner, "Autobiography," 7.

148:「必須推翻文學」：Skinner, *Particulars*, 292 .

149:「沒人碰觸過靈魂」：John B. Watson, *Behaviorism*（Livingston, NJ: Transaction Publishers, 1998），4.

149:「你永遠也跑不掉」：Skinner, "Autobiography," 12.

149:「整行的吐出來」：Skinner, "Autobiography," 6.

150: 作者動機：Joshua Gang, "Behaviorism and the Beginnings of Close Reading," *ELH*（*English Literary History*）78, no. 1（2011）: pp. 1-25.

150:「想要證明某種程序」：B. F. Skinner, "The Alliteration in Shakespeare's Sonnets: A Study in Literary Behavior," *Psychological Record* 3（1939）: 186-92. 我學習押頭韻的來源是 Persi Diaconis 與 Frederick Mostener 的經典論文 "Methods for Studying Coincidences," *Journal of the American Statistical Association* 84, no. 408（1989）, 853-61，如果你想深入本章所討論的概念，這是必讀的文章。

150:「從帽子裡隨便抽字」：Skinner, "Alliteration in Shakespeare's Sonnets", 191.

151: 根據文學史家的研究：例如請參閱 Ulrich K. Goldsmith, "Words out of a Hat? Alliteration and Assonance in Shakespeare's Sonnets," *Journal of English and Germanic Philology 49,* no. 1（1950）, 33-48.

151:「許多作者耽溺於」：Herbert D. Ward, "The Trick of Alliteration," *North American Review* 130, no. 398（1890）: 140-42.

152: 一篇認知心理學的著名論文：Thomas Gilovich, Robert Vallone, and Amos Tveresky, "The Hot Hand in Basketball: On the Misperception of Random Sequences," *Cognitive Psychology* 17, no. 3（1985）: 295-314.

155: 寇伯與史迪威：Kevin B. Korb and Michael Stillwell, "The Story of the Hot Hand: Powerful Myth or Powerless Critique?"（paper presented at the International Conference on Cognitive Science, 2003）, www.csse.monash.edu.au/~korb/iccs.pdf.

156: 第二球命中的機率會略微增加：Gur Yaar and Shmuel Eisenmann, "The Hot（Invisible?）Hand: Can Time Sequence Patterns of Success/Failure in Sports Be Modeled as Repeated Random Independent Trials?" *PLoS One,* vol. 6, no. 10

（2011）：e24532.

157: 惹人爭議、模糊不清、長年難以解決：關於這方面的問題，我真的喜歡 Andrew Mauboussin 與 Samuel Arbesman 所寫的文章 "Differentiating Skill and Luck in Financial Markets with Streaks"，這篇文章令人印象深刻，特別是第一作者當時還是高中學生！我不認為他們已經得到決定性的結論，但是我認為該文代表了想這些困難問題的好途徑。文章下載自 papers.ssrn.com/sol3/papers.cfm?abstract_id＝1664031.

157: 2009 年赫伊津哈與韋伊做了一項研究：從 Huizinga 處直接得知。

158: 更引人好奇的結果：Yigal Attali, "Perceived Hotness Affects Behavior of Basketball Players and Coaches," *Psychological Science* 24, no. 7（July 1,2013）：1151-56.

第 8 章：歸渺法

160: 只有八十八件槍殺案：Allison Klein, "Homicides Decrease in Washington Region," *Washington Post,* Dec. 31, 2012.

162: 研究天體：David W. Hughes and Susan Cartwright, "John Michell, the Pleiades, and Odds of 496,000 to 1," *Journal of Astronomical History and Heritage* 10（2007）：93-99.

163-64:〔圖〕：此二圖顯示點散布在方形內各處，原由微軟研究院 Yuval Peres 所製作，並出現在他的論文 "Gaussian Analytic Functions," http://research.microsoft.com/en-us/um/people/peres/GAF/GAF.html.

165:「支持這個結論的力量」：Ronald A. Fisher, *Statistical Methods and Scientific Inference*（Edinburgh: Oliver & Boyd, 1959），39.

166: 伯克森：Joseph Berkson, "Tests of Significance Considered as Evidence," *Journal of the American Statistical Association* 37, no. 219（1942）：325-35.

167: 講師張益唐：有關張益唐在質數分布的「間距有界」猜想上的工作，是改寫自我的文章 "The Beauty of Bounded Gaps," *Slate,* May 22, 2013。張益堂的論文請參閱 " Bounded Gaps Between Primes," *Annals of Mathematics,* 179, no. 3（2014-05）：1121-1174.

第 9 章：科學研究的可信度

177: 統計學家沙利奇曾告訴我一則寓言：你可以從 Shalizi 的部落格讀到自己的版本 http://bactra.org/weblog/698.html.

179: 愛奧尼底斯：John P. A. Ioannidis, "Why Most Published Research Findings Are False," *PLoS Medicine* 2, no. 8（2005）：e124, 可下載於 www.plosmedicine.org/article/info:doi/10.1371/journal.pmed.0020124.

181: 鑑別率低就會特別危險：評估神經科學裡鑑別率低造成的危害，請參閱 Katherine S. Button et al., "Power Failure: Why Small Sample Size Undermines the Reliability of Neuroscience," *Nature Reviews Neuroscience* 14（2013）：365-76.

181: 心理學的頂尖期刊《心理科學》：Kristina M. Durante, Ashley Rae, and Vladas Griskevicius, "The Fluctuating Female Vote: Politics, Religion, and the Ovulatory Cycle," *Psychological Science* 24, no. 6（2013）：1007-16. 我很感謝 Andrew Gelman 與我討論此篇論文的方法論，我的分析也使用了他部落格有關此問題的文章（http://andrewgelman.com/2013/05/17/how-can-statisticians-help-psychologists-do-their-research-better）。

182: 也同樣可能恰與事實相反：請參閱 Andrew Gelman and David Weakliem, "Of Beauty, Sex, and Power: Statistical Challenges in Estimating Small Effects," *American Scientist* 97（2009）：310-16，其中有一個完整的例子，涉及長得漂亮的人是否生女兒多過生兒子（答案：不是）。

183: 檢驗這些 SNP 與 IQ 的關係時：Christopher F. Chabris et al., "Most Reported Genetic Associations with General Intelligence Are Probably False Positives," *Psychological Science* 23, no. 11（2012）：1314-23.

183: 安進公司作了一項研究：C. Glenn Begley and Lee M. Ellis, "Drug Development: Raise Standards for Preclinical Cancer Research," *Nature* 483, no. 7391（2012）：531-33.

186: 稱這種操作為「操弄 p 值」：Uri Simonsohn, Leif Nelson, and Joseph Simmons, "P-Curve: A Key to the File Drawer," *Journal of Experimental Psychology: General,* 143, no. 2,（2014）：534-47. 本章內畫出的曲線是該論文裡的「p 曲線」。

188: 從政治科學、經濟學、心理學，到社會學：一些有代表性的參考文獻如：Alan Gerber and Neil Malhotra, "Do Statistical Reporting Standards Affect What Is Published? Publication Bias in Two Leading Political Science Journals,"

Quarterly Journal of Political Science 3, no. 3（2008）: 313-26; Alan S. Gerber and Neil Malhotra, "Publication Bias in Empirical Sociological Research: Do Arbitrary Significance Levels Distort Published Results?" *Sociological Methods & Research* 37, no. 1（2008）: 3-30; and E. J. Masicampo and Daniel R. Lalande, "A Peculiar Prevalence of P Values Just Below .05," *Quarterly Journal of Experimental Psychology* 65, no. 11（2012）: 2271-79.

189: 美國最高法院無異議通過：*Matrixx Initiatives, Inc. v. Siracusano,* 131 S. Ct. 1309, 563 U.S., 179 L. Ed. 2d 398（2011）.

190: 雷克托與詹森的論文：Robert Rector and Kirk A. Johnson, "Adolescent Virginity Pledges and Risky Sexual Behaviors," Heritage Foundation（2005）, www.heritage. org/research/reports/2005/06/adolescent-virginity-pledges-and-risky-sexual_ behaviors（accessed Jan. 14, 2014）.

190: 「假如某個變數不具統計顯著性」：Robert Rector, Kirk A. Johnson, and Patrick F. Fagan, "Understanding Differences in Black and White Child Poverty Rates," Heritage Center for Data Analysis report CDAOI-04（2001）, p. 15（n. 20）, 已徵引於 Jordan Ellenberg, "Sex and Significance," *Slate,* July 5, 2005, http://thf_ media.s3.amazonaws.com/2001/pdf/cda01-04.pdf（accessed Jan. 14, 2014）.

193: 「體會同儕人性」：Michael Fitzgerald and Ioan James, *The Mind of the Mathematician*（Baltimore: Johns Hopkins University Press, 2007）, 151，曾徵引於 "The Widest Cleft in Statistics: How and Why Fisher Opposed Neyman and Pearson," by Francisco Louçã, Department of Economics of the School of Economics and Management, Lisbon, Working Paper 02/2008/DE/UECE，可下載自 www.iseg.utl.pt/departamentos/ economia/wp/wp022008deuece.pdf（accessed Jan. 14, 2014）. 請注意 Fitzgerald-James 的書有意論證歷史上成功的數學家很多都有亞斯伯格症，所以在讀他們論及費雪社會功能發展時，也應該注意到他們的基本看法。

195: 「這讓我有點為你感到遺憾」：1951 年 10 月 8 日致 Hick 的信函，收錄於 J. H. Bennett, ed., *Statistical Inference and Analysis: Selected Correspondence of R. A. Fisher*（Oxford: Clarendon Press, 1990）, 144. 曾引用於 Louçã "Widest Cleft"。

195: 「只有實驗設計恰當」：Ronald A. Fisher, "The Arrangement of Field Experiments," *Journal of the Ministry of Agriculture of Great Britain* 33（1926）: 503-13，曾徵引於 Jerry Dallal 的短文" Why p = 0.05?"（www.jerrydallal.com/LHSP/p05.htm），此文是介紹費雪此方面思想的佳作。

197:「科學工作者」：Ronald A. Fisher, *Statistical Methods and Scientific Inference*（Edinburgh: Oliver & Boyd, 1956），41-42，也曾徵引於 Dallal, "Why p = 0.05?"

第 10 章：上帝，祢在嗎？是我，貝氏推論

198:「塔吉特百貨公司」聘請的市場分析團隊：Charles Duhigg, "How Companies Learn Your Secrets," *New York Times Magazine,* Feb. 16, 2012 .

199: 同樣的運算在諾基亞 6300 手機上：Peter Lynch and Owen Lynch, "Forecasts by PHONIAC," *Weather* 63, no. 11（2008）: 324-26.

199: 預測未來五日天氣：Ian Roulstone and John Norbury, *Invisible in the Storm: The Role of Mathematics in Understanding Weather*（Princeton, NJ: Princeton University Press, 2013），281.

200:「有一位氣象學者曾說」：Edward N. Lorenz, "The Predictability of Hydrodynamic Flow," *Transactions of the New York Academy of Sciences,* series 2, vol. 25, no. 4（1963）: 409-32.

200: 勞倫茲認為我們最多只能預測兩週後的天氣：Eugenia Kalnay, *Atmospheric Modeling, Data Assimilation, and Predictability*（Cambridge, UK: Cambridge University Press, 2003），26.

200: Netflix 出資一百萬美元徵求新的演算法：Jordan Ellenberg, "This Psychologist Might Outsmart the Math Brains Competing for the Netflix Prize," *Wired,* Mar. 2008, pp. 114-22.

201: 推薦觀賞的功能不盡完善：Xavier Amatriain and Justin Basilico, "Netflix Recommendations: Beyond the 5 Stars," techblog.netflix.com/2012/04/netflix-recommendations-beyond-5-stars.html（accessed Jan. 14, 2014）.

208: 使得超自然能力變成全國茶餘飯後閒談的熱門題材：當代關於 ESP 熱門的情形可參閱 Francis Wickware, "Dr. Rhine and ESP," *Life,* Apr. 15, 1940.

210: 序列分布非常不均勻：Thomas L. Griffiths and Joshua B. Tenenbaum, "Randomness and Coincidences: Reconciling Intuition and Probability Theory," *Proceedings of the 23rd Annual Conference of the Cognitive Science Society,* 2001.

210: 17 是最可能被選中的數：由 Gary Lupyan 所告知。

210: 7 是最常出現的數：Griffiths and Tenenbaum, "Randomness and Coincidences,"

fig. 2.

210: 這兩位哥倫比亞大學研究生：Bernd Beber and Alexandra Scacco, "The Devil Is in the Digits," *Washington Post,* June 20, 2009.

220:「如果凱因斯書中最後一節的觀點」：Ronald A. Fisher, "Mr. Keynes's Treatise on Probability," *Eugenics Review* 14, no.1（1922）: 46-50.

221:「今晚我碰到一件非常神奇的事」：由 David Goodstein 與 Gerry Neugebauer 在《費曼物理學講義》的特別序言裡引用，重印於 Richard Feynman, *Six Easy Pieces*（New York: Basic Books, 2011）, xxi.

224: 最乾淨的髒鬼？：本節裡的討論受惠於 Elliott Sober 的書 *Evidence and Evolution*（New York: Cambridge University Press, 200S）.

226: 十五年間刷了十五個版次：Aileen Fyfe, "The Reception of William Paley's *Natural Theology* in the University of Cambridge," *British Journal for the History of Science* 30, no. 106（1997）: 324.

226:「我以前幾乎能整本背下來」：1859 年 11 月 22 日達爾文致 John Lubbock 函件，Darwin Correspondence Project, www.darwinproject.ac.uk/letter/entry-2532（accessed Jan. 14, 2014）.

229: 波斯托姆：Nick Bostrom, "Are We Living in a Computer Simulation?" *Philosophical Quarterly* 53, no. 211（2003）: 243-55.

231: 我們都是模擬物的好論證：波斯托姆偏向支持 SIMS 的論證有更多的內涵，它雖然有爭議，但不能立刻就不當回事。

科學天地 149A

數學教你不犯錯／上
不落入線性思考、避免錯誤推論
HOW NOT TO BE WRONG：The Power of Mathematical Thinking

原著 —— 艾倫伯格（Jordan Ellenberg）
譯者 —— 李國偉
科學天地叢書顧問群 —— 林和、牟中原、李國偉、周成功

總編輯 —— 吳佩穎
編輯顧問 —— 林榮崧
責任編輯 —— 林文珠、林柏安
封面設計 —— 江儀玲

出版者 —— 遠見天下文化出版股份有限公司
創辦人 —— 高希均、王力行
遠見・天下文化 事業群榮譽董事長 —— 高希均
遠見・天下文化 事業群董事長 —— 王力行
天下文化社長 —— 林天來
國際事務開發部兼版權中心總監 —— 潘欣
法律顧問 —— 理律法律事務所陳長文律師
著作權顧問 —— 魏啟翔律師
社址 —— 台北市 104 松江路 93 巷 1 號 2 樓
讀者服務專線 —— 02-2662-0012 ｜ 傳真 —— 02-2662-0007, 02-2662-0009
電子郵件信箱 —— cwpc@cwgv.com.tw
直接郵撥帳號 —— 1326703-6 號 遠見天下文化出版股份有限公司

排版廠 —— 宸遠彩藝有限公司
製版廠 —— 東豪印刷事業有限公司
印刷廠 —— 祥峰印刷事業有限公司
裝訂廠 —— 聿成裝訂股份有限公司
登記證 —— 局版台業字第 2517 號
總經銷 —— 大和書報圖書股份有限公司　電話／(02)8990-2588
出版日期 —— 2015/12/29 第一版第 1 次印行
　　　　　　2024/01/12 第二版第 1 次印行

國家圖書館出版品預行編目 (CIP) 資料

數學教你不犯錯. 上：不落入線性思考,避
免錯誤推論 / 艾倫伯格 (Jordan Ellenberg)
著；李國偉譯. -- 第一版. -- 臺北市：遠見
天下文化, 2015.12
　　面； 公分. -- (科學天地；149)
譯自：How not to be wrong : the power of
mathematical thinking
ISBN 978-986-320-909-6(平裝)
1.數學　2.通俗作品

310　　　　　　　　　　　　104027884

定價 —— NT$400
4713510944240
書號 —— BWS149A
天下文化官網 —— bookzone.cwgv.com.tw